ISBN 978-0-428-67885-2
PIBN 10632650

ACADÉMIE ROYALE DE SERBIE

NOTICE

SUR LES

TRAVAUX SCIENTIFIQUES

DE

M. MICHEL PETROVITCH

(1894-1921)

PARIS,

GAUTHIER-VILLARS ET Cie. ÉDITEURS,

LIBRAIRES DU BUREAU DES LONGITUDES, DE L'ÉCOLE POLYTECHNIQUE,

Quai des Grands-Augustins, 55.

1922

PRÉFACE.

En recommençant ses travaux interrompus pendant la guerre mondiale, et désirant donner plus de publicité à ses travaux en langue serbe, l'Académie royale de Serbie a décidé de publier les résumés des travaux scientifiques parus dans ses recueils ou sous ses auspices. Ces résumés seront publiés en une langue plus accessible aux savants que ne sont les langues slaves.

Dans les cas où l'ensemble des travaux d'un auteur présente un intérêt particulier et représente une unité dont il convient de ne pas détacher les parties publiées dans d'autres recueils scientifiques que les siens, l'Académie a décidé de publier un résumé de cet ensemble, afin de donner une image complète de l'œuvre accomplie par l'auteur.

En faisant publier, conformément à la décision ci-dessus, l'aperçu présent sur l'ensemble de travaux de M. Michel Petrovitch, membre de l'Académie royale depuis l'année 1900, l'Académie croit remplir une tâche utile et s'acquitter d'un devoir agréable.

Le champ d'activité scientifique de M. Petrovitch est très étendu et offre dans son ensemble une grande diversité, quoique dénotant une unité de vues, d'idées et de méthodes d'investigation. Dans des domaines variés de l'Algèbre, de l'Arithmétique, du Calcul intégral, de la théorie générale des fonctions, de la théorie des équations différentielles et de la Phénoménologie générale, M. Petrovitch a imaginé des méthodes originales qui l'ont conduit aux résultats exposés dans diverses publications académiques, recueils scientifiques et ouvrages spéciaux. Dans divers problèmes de Géométrie, Mécanique, Physique mathématique et la Chimie mathématique, il a posé et résolu des problèmes nouveaux, introduit des notions et des idées nouvelles, et fourni des contributions importantes, résumées et analysées au cours de l'aperçu présent.

L'œuvre principale de M. Petrovitch consiste en un ensemble de travaux :

1° Créant la *Méthode spectrale* en Algèbre, Arithmétique, Calcul intégral et la Théorie des fonctions;

2° Introduisant dans l'Analyse mathématique et étudiant des *transcendantes nouvelles* utilisables comme instrument de calcul ou éléments de comparaison dans des problèmes d'ordre général:

3° Établissant une *méthode d'étude directe des équations différentielles* à l'aide de figures géométriques convenablement rattachées à l'équation, ainsi que des procédés d'étude directe de leurs intégrales d'une nature analytique déterminée;

4° Fournissant *des procédés nouveaux de délimitation* (d'encadrement) *des inconnues*, réelles ou imaginaires, définies par des équations en termes finis ou différentielles, conduisant à des résultats intéressants, surtout dans les cas très fréquents où la résolution ou l'intégration des équations définissant les inconnues est impossible;

5° Posant les bases d'une *Phénoménologie générale* fondée sur un mode particulier d'interprétation des analogies existant entre les phénomènes disparates.

La caractéristique des procédés d'investigation de M. Petrovitch consiste essentiellement en artifices de calcul ou d'analyse conduisant rapidement à la solution du problème posé, et en rapprochements inattendus de faits disparates, faisant jaillir des vérités nouvelles, des procédés inédits ou d'explications de faits mal expliqués.

Ainsi, dans ses premiers travaux — travaux d'élève de l'École Normale supérieure à Paris, 1894 — la considération de certaines figures géométriques simples rattachées à l'équation différentielle considérée, le conduit à des théorèmes généraux sur les diverses particularités des intégrales de ces équations, sur leurs intégrales premières relatives aux intégrales d'une nature analytique déterminée (uniformes, méromorphes, entières, rationnelles, simplement ou doublement périodiques), sur leurs intégrales singulières, etc.

En faisant intervenir, dans la théorie des équations différentielles, le théorème classique de M. Picard sur les zéros des fonctions uniformes, auquel se présente ainsi un vaste champ d'applications, il établit ses théorèmes sur le nombre d'intégrales uniformes des équations différentielles du premier ordre.

Un raisonnement géométrique des plus élémentaires le conduit à découvrir une classe étendue de transcendantes nouvelles, holomorphes dans tout le plan de la variable indépendante, ayant (ainsi que leurs réduites d'un ordre quelconque) tous leurs zéros réels, et à en étudier les propriétés analytiques. Le même raisonnement l'amène à la découverte de la transcendante remarquable formant, dans l'espace fonctionnel, une sorte de frontière entre le champ de fonctions appartenant à cette classe de transcendantes, et le reste de fonctions.

Les théorèmes communs de la moyenne, ne fournissant généralement que des résultats imprécis ou des faits de nature qualitative, lui révèlent une classe de transcendantes généralisant les fonctions exponentielles et trigonométriques, à propriétés analogues à celles de ces fonctions et dont il montre le mode d'intervention dans divers problèmes d'Analyse et d'Arithmétique.

Une double inégalité algébrique nouvelle le conduit à un

procédé général de délimitation des inconnues dans des problèmes de toutes les branches de Mathématiques pures et appliquées.

En faisant transporter la notion purement physique du spectre et des procédés spectraux du domaine de la Physique et de la Chimie dans celui des Mathématiques pures, il édifie son œuvre la plus originale : sa théorie des spectres numériques et crée la Méthode spectrale de calcul, si souple et si féconde en applications, dont il fait ressortir d'une manière frappante les curieuses analogies avec l'Analyse spectrale en Chimie ([1]).

Le rapprochement de phénomènes disparates ne paraissant avoir entre eux aucun rapport concret, mais présentant en commun certaines particularités caractéristiques de leurs mécanismes, suggère à M. Petrovitch l'idée d'une Phénoménologie générale dont il pose les bases et trace la voie pour son édification. L'instrument analytique fourni par ses procédés d'étude qualitative de problèmes, pour laquelle M. Petrovitch a toujours eu une prédilection marquée, lui sert d'aide puissant dans des problèmes inaccessibles aux procédés de calcul rigoureux et appartenant à toutes les branches de sciences. C'est ainsi qu'il donne des solutions qualitatives et des explications phénoménologiques d'une foule de problèmes de Physique, Chimie, Physiologie, ainsi que de Psychologie, Économie politique, Sociologie, Médecine où l'instrument précis d'investigations quantitatives, par suite du manque de données, reste complètement inefficace.

L'Académie royale m'a fait l'honneur de me demander de présenter au public scientifique l'exposé suivant de travaux de M. Petrovitch pour lequel lui-même a été prié de

---

([1]) Voir la Préface de M. E. Borel aux *Spectres numériques* et l'analyse de cet Ouvrage par M. Maurice d'Ocagne (*Revue générale des Sciences pures et appliquées*, numéro du 15 novembre 1919).

fournir les matériaux. En le faisant, je ne me dissimule guère les difficultés de la tâche que j'assume. Si, toutefois, cette esquisse pouvait faire ressortir, ne fût-ce que superficiellement, la trace que l'œuvre de mon collègue et ami laisse dans la Science, je considérerais cette tâche comme largement remplie. Du reste, M. Petrovitch étant en pleine force de travail, il se peut — et je ne puis que le souhaiter — que l'image ici fournie de son activité scientifique se trouve dans un proche avenir très incomplète.

M. Milankovitch.

Belgrade, le 10 février 1922.

LISTE

DE

TRAVAUX DE M. M. PETROVITCH

PUBLIÉS DE 1894 A 1921

1. *Sur les équations différentielles du premier ordre et du genre zéro* (*Comptes rendus de l'Académie des Sciences;* Paris, 1894).

2. *Sur les zéros et les infinis des intégrales des équations différentielles algébriques* (*Thèse de Doctorat;* Paris, 1894; Gauthier-Villars).

3. *Sur les valeurs asymptotiques des intégrales des équations différentielles du premier ordre* (*Glas srpske Kraljevske Akademije*, t. L, 1895; en serbe).

4. *Sommation des séries à l'aide des intégrales définies* (*Comptes rendus de l'Académie des Sciences;* Paris, 1895).

5. *Un problème sur les séries* (*Nouvelles Annales de Mathématiques*, 1895).

6. *Remarques algébriques sur les fonctions définies par les équations différentielles algébriques du premier ordre* (*Bulletin de la Société mathématique de France;* Paris. 1896).

7. *Sur les fonctions symétriques et périodiques des diverses déterminations d'une fonction algébrique* (*Bulletin des Sciences mathématiques;* Paris, 1896).

8. *Sur l'équation différentielle de Riccati et ses applications chimiques* (*Sitzungsberichte der Königl. böhmischen Gesellschaft der Wissenschaften;* Prag, 1896).

9. *Remarques sur les équations de la Dynamique et sur le mouvement tautochrone* (*American Journal of Mathematics*, vol. XVIII; Baltimore, 1896).

10. *Sur une équation différentielle du premier ordre* (*Comptes rendus de l'Académie des Sciences;* Paris, 1896).

11. *Méthodes de transformation des séries en intégrales définies* (*Glas srpske Kraljevske Akademije;* Belgrade, 1896; en serbe).

12. *Sur l'équation différentielle binome du premier ordre* (*Comptes rendus de l'Académie des Sciences*; Paris, 1896).

13. *Sur la décomposition des intégrales définies en éléments simples* (*Comptes rendus de l'Académie des Sciences*; Paris, 1896).

14. *Aperçu sur la Géométrie des masses* (*Nastavnik*; Belgrade, 1896; en serbe).

15. *Sur les résidus des fonctions définies par les équations différentielles du premier ordre* (*Mathematische Annalen*; Leipzig, 1896).

16. *Sur l'équation différentielle* linéaire *du second ordre* (*Bulletin de la Société mathématique de France*; Paris, 1897).

17. *Sur la Dynamique des réactions chimiques homogènes avec dégagement ou absorption de chaleur* (*Comptes rendus de l'Académie des Sciences*; Paris, 1897).

18. *Contribution à la théorie des solutions singulières des équations différentielles du premier ordre* (*Mathematische Annalen*; Leipzig, 1896).

19. *Sur certaines courbes caractéristiques rattachées aux équations différentielles du premier ordre* (*Glas srpske Kraljevske Akademije*, t. LIII; Belgrade, 1897; en serbe).

20. *Quelques formules générales relatives au calcul des intégrales définies* (*Rendiconti del Circolo matematico di Palermo*, 1897)

21. *Sur une* classe *d'équations différentielles du second ordre* (*Glas srpske Kraljevske Akademije*, t. LIII; Belgrade, 1897; en serbe).

22. *Sur la décharge des conducteurs à capacité, résistance et coefficient de self-induction variables* (*Comptes rendus de l'Académie des Sciences*; Paris, 1897).

23. *Sur un procédé d'intégration graphique des équations différentielles* (*Comptes rendus de l'Académie des Sciences*; Paris, 1897).

24. *Sur les résidus des fonctions définies par les équations différentielles d'ordre supérieur* (*Sitzungsberichte der Königl. böhmischem* Gesell*schaft der Wissenschaften*; Prag, 1898).

25. *Intégration hydraulique* (*Tehnicki* list; Belgrade, 1898).

26. *Sur un système des coordonnées semi-curvilignes* (*Sitzungsberichte der Konigl. bohmischen Gesellschaft der Wissenschaften*; Prag, 1898).

27. *Aperçu sur la nature des transcendantes définies par les équations différentielles du premier ordre contenant des paramètres variables* (*Rad jugoslovenske Akademije znanosti i umjetnosti*; Zagreb, 1898; en croate).

28. *Sur l'intégration hydraulique des équations différentielles* (*American Journal of Mathematics*; Baltimore, 1898).

29. *Sur une propriété des équations différentielles intégrables à l'aide des fonctions méromorphes doublement périodiques* (*Acta mathematica*; Stockholm, 1898).

30. *Oscillations électriques dans la décharge des condensateurs* (*Glas srpske Kraljevske Akademije*; Belgrade, 1898; en serbe).

31. *Contributions à la Cinétique chimique* (*Glas srpske Kraljevske Akademije*; Belgrade, 1898; en serbe).

32. *Extension du théorème de la moyenne aux équations différentielles du premier ordre* (*Comptes rendus de l'Académie des Sciences*; Paris, numéro du 17 avril 1899).

33. *Théorème sur le nombre de racines d'une équation algébrique comprises à l'intérieur d'une circonférence donnée* (*Comptes rendus de l'Académie des Sciences*; Paris, numéro du 16 octobre 1899).

34. *Sur le nombre de racines d'une équation algébrique comprises à l'intérieur d'une circonférence donnée* (*Comptes rendus de l'Académie des Sciences*: Paris, numéro du 27 novembre 1899).

35. *Intégration graphique de certains types d'équations différentielles du premier ordre* (*Bulletin de la Société mathématique de France*; Paris, 1899).

36. *Appareil à liquide pour l'intégration graphique de certains types d'équations différentielles* (*American Journal of Mathematics*, vol. XXII; Baltimore, 1899).

37. *Sur l'expression du terme général des séries de Taylor représentant des combinaisons rationnelles de la fonction exponentielle* (*Rendiconti del Circolo matematico di Palermo*, t. XIV, 1899).

38. *Sur une classe d'équations différentielles du premier ordre* (*Rendiconti del Circolo matematico di Palermo*, t. XIV, 1899).

39. *Théorie de la décharge des conducteurs à capacité, résistance et coefficient de self-induction variables* (*Éclairage électrique*, numéros des 22 avril et 13 mai 1899; Paris).

40. *Théorie mathématique de l'activité des causes* (*Glas srpske Kraljevske Akademije*, t. LVIII; Belgrade, 1899; en serbe).

41. *Sur une manière d'étendre le théorème de la moyenne aux équations différentielles du premier ordre* (*Mathematische Annalen*, Band 54; Leipzig, 1899).

42. *Transformations transcendantes des équations algébriques* (*Rad jugoslovenske Akademije znanosti i umjetnosti*, t. 143; Zagreb, 1900; en croate).

43. *Un problème de la théorie des fonctions à deux variables indépendantes* (*Rad jugoslov. Acad. znanosti i umjetnosti*, t. 143; Zagreb, 1900).

44. *Les analogies mathématiques et la Philosophie naturelle* (*Revue générale des Sciences pures et appliquées*, t. XII, 15 juillet 1901; Paris).

45. *Sur une classe d'équations différentielles du premier ordre* (*Sitzungsberichte der Königl. böhmischen Gesellschaft der Wissenschaften*: Prag, 1901).

46. *Contribution à la théorie des séries* (*Glas srpske Kralj. Akad.*, t. LXIII; Belgrade; en serbe).

47. *Représentation des fonctions par les intégrales définies* (*Glas srpske Kralj. Akad.*, t. LXIII; Belgrade; en serbe).

48. *Fonctions représentées par les intégrales définies* (*Glas srpske Kralj. Akad.*, t. LXV; Belgrade; en serbe).

49. *Remarques sur les intégrales des équations différentielles du premier ordre* (*Glas srpske Kralj. Akad.*, t. LXVII; Belgrade; en serbe).

50. *Influence des données inexactes sur les résultats des analyses chimiques quantitatives* (*Glas srpske Kralj. Akad.*, t. LXVII; Belgrade; en serbe).

51. *Remarques sur les zéros des séries de Taylor* (*Bulletin de la Société mathématique de France*, t. XXIV; Paris, 1902).

52. *Généralisation de certaines formules de Stieltjes* (*Rendiconti der Circolo matematico di Palermo*, t. XVII, 1903).

53. *Remarque sur les zéros des fonctions entières* (*Bulletin de la Société mathématique de France*, t. XXXII; Paris, 1904).

54. *Sur les fonctions représentées par une classe étendue d'intégrales définies* (*Bulletin de la Société mathématique de France*, t. XXXII; Paris, 1904).

55. *Essai d'une Mécanique générale des causes* (*Glas srpske Kralj. Akad.*, t. LXIX; Belgrade, 1905; en serbe).

56. *La Mécanique des phénomènes fondée sur les analogies* (Paris, 1905; Gauthier-Villars; paru comme T. XXVII de *Scientia*).

57. *Équations algébriques à racines imaginaires* (*Glas srpske Kralj. Acad.*, t. LXXI; Belgrade, 1906; en serbe(.

58. *Remarques sur une classe de courbes gauches* (Glas *srpske Kralj. Akad.*, t. LXXI; Belgrade, 1906; en serbe).

59. *Distribution des racines d'une classe générale d'équations algébriques* (*Glas srpske Kralj. Akad.*, t. LXXI; Belgrade, 1906; en serbe).

60. *Sur une classe de séries entières* (*Comptes rendus de l'Académie des Sciences*; Paris, t. 143, 1906).

61. *Sur certaines transcendantes entières* (*Bulletin de la Société mathématique de France*, t. XXXIV; Paris, 1906).

62. *Application directe des intégrales définies réelles aux équations algébrique et transcendantes* (*Glas srpske Kralj. Akad.*, t. LXXIII; Belgrade, 1908; en serbe).

63. *Sur le module maximum et minimum des fonctions entières* (*Glas srpske Kralj. Akad.*, t. LXXIII; Belgrade, 1907; en serbe).

64. *Procédé élémentaire d'application des intégrales définies réelles aux équations algébriques et transcendantes* (*Nouvelles Annales de Mathématiques*, 4e série, t. VIII; Paris).

65. *Sur une suite de fonctions rationnelles rattachées aux équations algébriques* (*Bulletin de la Société mathématique de France*, t. XXXVI; Paris).

66. *Théorème sur les séries de Taylor* (*Comptes rendus de l'Académie des Sciences*; Paris, t. 146, 1908).

67. *Une fonction symétrique des racines d'une équation algébrique* (*Glas srpske Kralj. Akad.*, t. LXXV; Belgrade; en serbe).

68. *Une transcendante spéciale et son rôle dans l'Analyse mathématique* (*Glas srpske Kralj. Akad.*, t. LXXV; Belgrade, 1909; en serbe).

69. *Équations différentielles à intégrales oscillantes* (*Glas srpske Kralj. Akad.*, t. LXXVII; Belgrade, 1910; en serbe).

70. *Expressions diverses des fonctions associées* (*Bulletin de la Société des Sciences de Bucarest*, t. XVII, nos 1, 2).

71. *Sur une classe remarquable de séries entières* (*Atti del IV. Congresso internazionale dei Matematici*; Rome, 1908; vol. II, Sezione I).

72. *Une propriété des coefficients des séries de Maclaurin satisfaisant à une équation différentielle algébrique* (*Glas srpske Kralj. Akad.*, t. LXXIX; Belgrade, 1909; en serbe).

73. *Intégrales définies ayant pour valeur le nombre de nombres premiers compris entre deux nombres donnés* (*Rad. Ingoslav. Akad.*, t. 183; Zagreb, 1910; en serbe).

74. *Éléments de Phénoménologie mathématique* (édition de l'Académie royale serbe; 774 pages; Belgrade, 1911).

75. *Allure d'une transcendante entière* (*Comptes rendus de l'Académie des Sciences*. Paris, numéro du 19 février 1912).

76. *Principe de minimum dans les phénomènes électrodynamiques et électromagnétiques* (*Journal de Physique théorique et appliquée*, 5e série, t. II; Paris, 1912).

77. *Courbes découpant sur une droite fixe les longueurs représentant la suite indéfinie de nombres premiers* (*Nouvelles Annales de Mathématiques*, 4e série, t. XIII; Paris, 1913).

78. *Intégrales d'une classe d'équations différentielles considérées comme fonctions de la constante d'intégration* (Glas *srpske Kralj. Akad.*, t. LXXXVII; Belgrade, 1912; en serbe).

79. *Fonctions implicites oscillantes* (*Proceedings of the fifth Congress of mathematicians*; Cambridge, 1912).

80. *Intégrale du carré du module des fonctions réelles* (*Rad. jugoslov. Akad. znanosti i umjetnosti*, t. 193; Zagreb, 1912; en serbe).

81. *Théorème sur le module maximum du déterminant et quelques-unes de ses applications* (*Rad jugoslov. Akad. znan. i. umjet.*, t. 200; Zagreb, 1913; en serbe).

82. *Sur les transcendantes entières généralisant les fonctions exponentielles et trigonométriques* (*Comptes rendus de l'Académie des Sciences*; Paris, numéro du 27 avril 1913).

83. *Interpolation et intégration à l'aide d'une classe d'intégrales définies* (*Clas srpske Kralj. Akad.*, t. LXII, 1913; en serbe).

84. *Propositions sur les séries de puissances* (*Bulletin de la Société roumaine des Sciences*, t. XXII, nº 4; Bucarest, 1913).

85. *Séries hypertrigonométriques* (*Comptes rendus de l'Académie des Sciences*; Paris, numéro du 16 juin 1913).

86. *Théorème de la moyenne sans restriction* (*Nouvelles Annales de Mathématiques*, 4ᵉ série, t. XIII; Paris, 1913).

87. *Sur le module minimum d'une fonction analytique le long d'une circonférence* (*Comptes rendus de l'Académie des Sciences*; Paris, numéro du 24 novembre 1913).

88. *Équations algébriques et transcendantes dépourvues de racines réelles* (*Bulletin de la Société mathématique de France*, t. XLI; Paris, 1913).

89. *Problème de trois corps* (*Srpski Knjizevni Glasnik*, t. XXXI; Belgrade; en serbe).

90. *Analogies entre les phénomènes disparates* (*Srpski Knjizevni Glasnik*, t. XII; Belgrade; en serbe).

91. *Une transcendante entière et son rôle d'élément de comparaison* (*Annales scientifiques de l'École normale supérieure*, 3ᵉ série, vol. XXXI; Paris, 1914).

92. *Théorème de la moyenne relatif aux intégrales des arcs* (*Jahresbericht der deutschen Mathematiker-Vereinigung*, Bd. 23; Leipzig).

93. *Quadrature à l'aide de curvimètre* (*Glas srpske Kralj. Akad.*, t. XCIII; Belgrade, 1914; en serbe).

94. *Une classe d'invariants des courbes définies par les équations différentielles* (*Glas srpske Kralj. Akad.*, t. XCIII; Belgrade, 1914; en serbe).

95. *Relation élémentaire entre les longueurs droites et courbes* (*Clas srpske Kralj. Akad.*, t. XCIII; Belgrade, 1914; en serbe).

96. *Les impossibilités mathématiques absolues et restrictives* (*Rad jugoslov. Akad. znanosti i umjetnosti*, t. 204; Zagreb, 1914; en serbe).

97. *Quelques formes spéciales du théorème de la moyenne* (*Nouvelles Annales de Mathématiques*, 4e série, t. XIV; Paris).

98. *Théorème sur les équations algébriques de degré pair* (*Rad jugoslov. Akademije znanosti i umjetnosti*, t. 202; Zagreb; en serbe).

99. *Éléments de réduction analytiques* (*Rad jugoslov. Akademije znanosti i umjetnosti*, t. 202; Zagreb; en serbe).

100. *Relations d'inégalité entre les moyennes arithmétique et géométrique* (*Comptes rendus de l'Académie des Sciences*; Paris, t. 163, 1916).

101. *Théorème de la moyenne relatif aux intégrales d'une équation importante aux dérivées partielles* (*Comptes rendus de l'Académie des Sciences*; Paris, t. 163, 1916).

102. *Sur quelques fonctions des côtés et des angles d'un triangle* (*Enseignement mathématique*, numéro de mai-juillet 1916; Genève).

103. *Théorème sur la moyenne arithmétique de quantités positives* (*Enseignement mathématique*, numéro de mai-juillet 1916; Genève).

104. *Limite d'extensibilité d'un arc de courbe d'allure invariable* (*Comptes rendus de l'Académie des Sciences*; Paris, t. 164, 1917).

105. *Valeur de l'action le long de diverses trajectoires* (*Comptes rendus de l'Académie des Sciences*; Paris, t. 164, 1917).

106. *Module d'une somme* (*Enseignement mathématique*, numéro de janvier-mars 1917; Genève).

107. *Sur quelques expressions numériques remarquables* (*Comptes rendus de l'Académie des Sciences*; Paris, t. 164, 1917).

108. *Théorèmes arithmétiques sur l'intégrale de Cauchy* (*Comptes rendus de l'Académie des Sciences*; Paris, t. 164, 1917).

109. *Détermination spectrale des fonctions* (*Comptes rendus de l'Académie des Sciences*. Paris, t. 167, 1918).

110. *L'aire des surfaces de révolution* (*Bulletin des Sciences mathématiques*, t. XLII; Paris, 1918).

111. *Un nouveau procédé d'évaluation numérique des coefficients des séries* (*Comptes rendus de l'Académie des Sciences*; Paris, t. 165, 1918).

112. *Remarque sur l'intégrale $\int uv\,dx$* (*Enseignement mathématique*, numéro de juin 1919; Genève).

113. *Propriétés arithmétiques d'une classe de nombres rationnels* (*Bulletin de la Société mathématique de France*, 1920).

114. *Fonctions entières se rattachant aux nombres premiers* (*Comptes rendus de l'Académie des Sciences*; Paris, t. 168, 1919).

115. *Les spectres numériques*, avec Préface de M. E. Borel, 107 pages (Gauthier-Villars, Paris, 1919).

116. *Le noyau d'analogie* (*Revue du Mois*, t. XX, août 1919; Paris).

117. *Théorème général sur les équations algébriques* (*Nouvelles Annales de Mathématiques*, 4e série, t. XIX, 1919).

118. *Intégrales définies réelles dont la partie décimale s'exprime par les nombres premiers* (*Comptes rendus de l'Académie des Sciences*; Paris, t. 151, 1919).

119. *Approximation des fonctions par les séries de puissances à coefficients commensurables* (*Bulletin des Sciences mathématiques*, 2e série, t. XLIII, 1919).

120. *Action du champ magnétique mobile sur l'aiguille aimantée* (*Clas srpske Kralj. Akad.*; Belgrade, 1912; en serbe).

121. *Une propriété des équations différentielles linéaires* (*Glas srpske Kralj Akad.*; Belgrade, 1921; en serbe).

122. *Sur le nombre* E (*Enseignement mathématique*, 1921; Genève).

123. *Mécanismes communs aux phénomènes disparates*, 279 pages (*Nouvelle Collection scientifique*; Félix Alcan, Paris, 1921).

RÉSUMÉ ANALYTIQUE

DES

TRAVAUX DE M. M. PETROVITCH

PUBLIÉS DE 1894 A 1921

PREMIÈRE PARTIE.

ALGÈBRE.

I. — Équations algébriques.

(Mémoires et Notes nos 33, 34, 42, 51, 57, 59, 62, 64, 65, 67, 71, 88, 98, 117.)

1. Dans le domaine de la théorie des équations algébriques, M. Petrovitch s'est particulièrement occupé de la distribution de racines dans le plan de l'inconnue. Ce qui caractérise les procédés qu'il emploie dans ces recherches, c'est l'utilisation des ressources qu'offrent dans ce domaine d'investigation la théorie générale des fonctions et les propriétés des intégrales définies.

Ainsi, étant donnée l'équation algébrique *la plus générale*

$$a_0 + a_1 x + a_2 x^2 + \ldots + a_n x^n = 0 \tag{1}$$

(les coefficients et les racines n'étant assujetties *à aucune restriction*), M. Petrovitch fait voir qu'il est possible, en utilisant certains résultats connus sur les séries de puissances, d'assigner dans le plan de l'inconnue x une couronne circulaire C co*ntenant sûrement une racine de* (1). Si l'on forme la fonction

$$u(r) = \frac{1}{r^2} \sum_{k=0}^{k=n} |a_k|^2 r^{2k}$$

lorsque r croît par valeurs réelles de zéro à l'infini, la fonction réelle $u(r)$ commence par décroître, atteint un minimum positif L après lequel elle croît constamment. En posant

$$R_1 = \frac{|a_0|}{\sqrt{L}}, \qquad R_2 = n\left|\frac{a_0}{a_1}\right|,$$

on a le théorème général de M. Petrovitch :

L'équation algébrique (1) *a au moins une racine dans la couronne circulaire* C *(ou sur le bord même de cette couronne) limitée par les deux cercles concentriques* C_1 *et* C_2 *ayant pour centre l'origine et pour rayons respectifs* R_1 *et* R_2, *et n'a aucune racine entourée par cette couronne.*

Les bords, extérieur et intérieur, de la couronne C, représentés par les cercles C_1 et C_2, fournissent les limites *les plus précises* qu'il soit possible d'assigner à la couronne pour que le théorème soit valable dans le cas le plus général. En effet, ces deux bords sont effectivement atteints par deux équations particulières signalées par M. E. Landau (1), l'autre par M. L. Féjer (2).

M. Petrovitch démontre également un théorème en quelque sorte opposé au précédent : tandis que celui-ci concerne les racines de (1) *comprises* dans une couronne circulaire n'entourant aucune racine de cette équation, le second théorème concerne les racines *entourées* par une couronne ne contenant elle-même aucune racine.

A savoir, étant donnée une équation algébrique $f(x) = 0$ de degré n et à coefficients réels, désignons par $P_k(x) = 0$ l'équation de degré n ayant pour racines les 2^k-ièmes puissances de racines de $f(x) = 0$, et formons la fonction rationnelle

$$N_k(x) = \frac{x\,P'_k(x)}{P_k(x)}.$$

Les polynomes $P_k(x)$ du degré n se calculent de proche en proche, en partant de $P_0 = f(x)$, à l'aide d'une règle due à Gräffe. M. Petrovitch fournit, d'ailleurs, une expression *explicite* et directe de la

---

(1) *Bull. de la Soc. math. de France*, t. XXXIII, 1905, p. 251-261.
(2) *Comptes rendus de l'Académie des Sciences*, t. II, 1907, p. 459-461.

fonction $N_k(x)$ sous la somme de 2^k termes

$$2^{-k}\omega_j r \frac{f'(\omega_j r)}{f(\omega_j r)} \qquad (j = 1, 2, \ldots, 2^k),$$

où les ω_j sont les racines primitives de l'équation

$$x^{2^k} - 1 = 0 \qquad \text{et où} \qquad r = x^{2^{-k}}.$$

Le théorème de M. Petrovitch est alors le suivant :

Étant donnée une couronne circulaire ayant l'origine comme centre, de rayon intérieur R *et d'épaisseur* δ, *ne contenant aucune racine de l'équation algébrique donnée* $f(x) = 0$ *de degré* n, *si l'on donne à l'entier* k *une valeur quelconque supé-périeure à*

$$\frac{1}{\log 2}\left[\log\log(n+1) - \log\log\frac{2R+2\delta}{2R+\delta}\right],$$

le nombre h *de racines entourées par la couronne sera égal à* M *ou bien à* $M+1$, *où* M *désigne la partie entière de la valeur numérique de* $N_k(x)$ *pour*

$$x = \left(R + \frac{\delta}{2}\right)^{2^k}.$$

Notamment, en désignant par γ la partie fractionnaire de $N_k(x)$ pour cette valeur de x et par ξ la valeur

$$\xi = \frac{n}{\left(\frac{2R+2\delta}{2R+\delta}\right)^{2^k} - 1},$$

si $\gamma + \xi \leqq 1$, on aura $h = M$; si $\gamma + \xi > 1$ et $\gamma \geqq \xi$, on aura $h = M + 1$.

Ce qu'il y a de remarquable dans ce théorème, c'est que le nombre de racines cherchées est fourni comme partie *entière* d'une expression numérique qui s'exprime *rationnellement* à l'aide des coefficients de l'équation, du rayon et d'épaisseur de la couronne.

L'exemple numérique indiqué par M. Petrovitch fait voir la facilité avec laquelle le théorème s'applique pratiquement à la détermination du nombre de racines d'une équation algébrique dont les modules sont inférieurs à un nombre donné.

2. D'après un théorème de Laguerre sur les polynomes entiers

(s'appliquant aussi aux fonctions entières du genre zéro ou un). lorsque l'équation

$$f(x) = a_0 + a_1 x + a_2 x^2 + \ldots + a_n x^n = 0$$

à coefficients positifs, a toutes ses racines *réelles*. chaque coefficient a_k est plus petit que le coefficient correspondant du développement de la fonction

$$\varphi(x) = a_0 e^{\frac{a_1 x}{a_0}}.$$

M. Petrovitch montre que a_k *est dans ce cas tout au plus égal au coefficient correspondant du développement de*

$$F(x) = a_0\left(1 + \frac{a_1 x}{n a_0}\right)^n.$$

Les limites des a_k fournies par ce théorème sont manifestement *plus précises* que celles fournies par le théorème de Laguerre et coïncident avec celles-ci pour n trés grand. Elles sont effectivement atteintes par les coefficients de l'équation $F(x) = 0$.

On en tire aussi l'inégalité

$$f(x) \leqq F(x) \qquad \text{pour } x > 0$$

plus précise que l'inégalité connue

$$f(x) < \varphi(x) \qquad \text{pour } x > 0.$$

M. Petrovitch en tire en même temps diverses règles simples et pratiques pour reconnaître l'existence de racines imaginaires d'une équation $f(x) = 0$ à coefficients positifs, comme, par exemple, la règle suivante :

En posant

$$\lambda_k = \frac{1.2.3\ldots k n^k}{n(n-1)(n-2)\ldots(n-k+1)}$$

et les deux premiers coefficients a_0 *et* a_1 *de* $f(x)$ *étant réduits à* 1, *si l'un des coefficients* a_k *est tel que le produit* $\lambda_k a_k$ *est plus grand que* 1, *l'équation a sûrement des racines imaginaires.*

3. Laguerre s'est occupé à plusieurs reprises du problème de

déterminer une suite de quantités $\omega_0, \omega_1, \omega_2, \ldots$ telle que

$$a_0 + a_1 x + a_2 x^2 + \ldots + a_n x^n = 0 \tag{2}$$

étant une équation algébrique *quelconque* à toutes ses racines *réelles*, l'équation

$$\omega_0 a_0 + \omega_1 a_1 x + \ldots + \omega_n a_n x^n = 0 \tag{3}$$

ait également toutes ses racines *réelles*. Il en a donné plusieurs solutions particulières.

M. Petrovitch s'est proposé le problème correspondant : déterminer des suites ω_k telles que (2) étant une équation algébrique *quelconque* à toutes ses racines *imaginaires*, l'équation (11) ait également toutes ses racines *imaginaires*. Et il en trouve, à l'aide du Calcul intégral, une solution simple

$$\omega_k = \int_a^b u r^k \, dt \qquad (k = 0, 1, 2, \ldots, n), \tag{4}$$

où les limites a et b sont arbitraires mais réelles, u et r étant deux fonctions arbitraires de t réelles dans l'intervalle (a, b) et u gardant un signe invariable dans cet intervalle.

Les mêmes suites (4) fournissent la possibilité de former des classes étendues d'équations algébriques de degré pair *quelconque* jouissant de la propriété suivante : que l'équation ait toutes ses racines *imaginaires* et que, de plus, si l'on néglige dans son premier membre un nombre pair *arbitraire* de derniers termes, l'équation restante ait encore toutes ses racines *imaginaires*.

L'équation

$$a_0 + a_1 x + \ldots + a_{2n} x^{2n} = 0$$

étant une équation de cette espèce, l'équation

$$\omega_0 a_0 + \omega_1 a_1 x + \ldots + \omega_{2n} a_{2n} x^{2n} = 0$$

en est aussi une.

Tel est, par exemple, le cas de toute équation

$$\omega_0 + \omega_1 x + \ldots + \omega_{2n} x^{2n} = 0 \tag{5}$$

ou bien de toute équation

$$(6)\qquad \omega_0 + \frac{\omega_1}{1}x + \frac{\omega_2}{1.2}x^2 + \ldots + \frac{\omega_{2n}}{1.2\ldots 2n}x^{2n} = 0,$$

ω_k étant une expression (4).

Dans le cas où r garde aussi un signe invariable pour t variant de a à b, les équations (5) de cette espèce ont une distribution particulière de leurs racines dans le plan de la variable x. Supposons, pour fixer les idées, que r soit positif et désignons par $\delta_1, \delta_2, \delta_3, \ldots$ les intervalles numériques, tous contenus dans l'intervalle de 0 à 2π et tels que pour toute valeur θ contenue dans δ_k le produit $\sin\theta . \sin 2\theta$ soit *positif* et le produit $\sin\theta . \sin(2n+1)\theta$ *négatif*. M. Petrovitch fait voir que *les arguments de racines de* (5) *se trouvent toujours en dehors des intervalles* $\delta_1, \delta_2, \delta_3, \ldots$.

Rappelons encore que M. Petrovitch a donné la solution compléte du problème :

Trouver les conditions nécessaires et suffisantes pour qu'une équation algébrique

$$a_0 + a_1 x + \ldots + a_n x^n = 0$$

à coefficients réels ait toutes ses racines réelles et que, de plus, l'équation obtenue en négligeant un nombre arbitraire de derniers termes dans (7) *ait également toutes ses racines réelles.*

Ces conditions s'énoncent de la manière suivante :

Il faut et il suffit qu'on ait

$$a_2 < \frac{a_1^2}{4a_0}$$

et que, de plus, chaque coefficient a_k $(2 < k \leqq n)$ *soit compris entre la plus petite et la plus grande racine de l'équation algébrique en* x

$$(8)\qquad \Delta_n(a_0, a_1, a_2, \ldots, a_{n-1}, x),$$

où $\Delta_n(a_0, a_1, a_2, \ldots, a_{n-1}, a_n)$ *désigne le discriminant du premier membre de l'équation* (7).

M. Pólya a depuis fait une étude plus approfondie des équations satisfaisant aux conditions de M. Petrovitch ([1]).

4. Étant donnée une fonction *algébrique* $y(x)$ définie par une relation $f(x, y) = 0$, avec ses diverses déterminations

$$y_1 = \varphi_1(x), \quad y_2 = \varphi_2(x), \quad \ldots, \quad y_m = \varphi_m(x),$$

M. Petrovitch indique un procédé général et pratique :

1° Pour développer la fonction symétrique

$$\Phi(x) = F(\varphi_1) + F(\varphi_2) + \ldots + F(\varphi_m) \tag{9}$$

[où $F(u)$ est une fonction rationnelle en e^{au}] en une série de fractions rationnelles en x, convergente pour toutes les valeurs de x autres que celles coïncidant avec les zéros des coefficients de la plus haute puissance de y dans $f(x, y) = 0$;

2° Pour développer l'expression (9), dans le cas où Φ est une fonction méromorphe doublement périodique, en une série de fractions rationnelles à double entrée.

Étant donnée une équation algébrique $f(x) = 0$ (où f est un polynome en x à coefficients réels), soit $\varphi(t)$ une fonction réelle de t, continue dans un intervalle réel donné (a, b) et telle que l'intégrale

$$\int_a^b \varphi(t) \cos nt \, dt$$

soit constamment nulle pour $n = 1, 2, 3, \ldots$, tandis que pour $n = 0$ elle ait une valeur déterminée α. M. Petrovitch démontre le théorème suivant :

Le nombre de racines de $f(x) = 0$, comprises à l'intérieur d'un cercle C de rayon r ayant l'origine comme centre, est égal à la valeur de l'intégrale définie

$$\frac{1}{\alpha} \int_a^b \varphi(t) \Phi(r, t) \, dt, \tag{10}$$

où $\Phi(r, t)$ désigne la partie réelle de $\dfrac{zf'(z)}{f(z)}$ pour $z = re^{ti}$.

([1]) Voir les Mémoires cités à la page 50.

Ainsi, ce nombre est donné par l'intégrale

$$\frac{2}{\pi}\int_0^\infty \Phi(r, t)\frac{\sin t}{t}\,dt$$

ou bien par l'intégrale connue

$$\frac{1}{\pi}\int_0^\pi \Phi(r, t)\,dt$$

qui se trouve ainsi généralisée par l'intégrale (10).

Si l'on pose

$$M(r, t) = \log|f(z)| \quad \text{pour } z = re^{ti},$$

l'intégrale définie

$$\frac{1}{\alpha}\int_a^b \varphi(t)\,M(r, t)\,dt$$

a pour valeur

$$\log\left|\frac{f(0)r^n}{\alpha_1\alpha_2\ldots\alpha_n}\right|,$$

où les α_k *sont les racines de* $f(x) = 0$ *comprises à l'intérieur de* C.

Ce théorème généralise celui de M. Jensen dans le cas des équations algébriques à coefficients réels.

M. Petrovitch a aussi établi d'autres formules exprimant des fonctions symétriques de racines de $f(x) = 0$ à l'aide des intégrales définies réelles de la forme précédente. Les résultats obtenus s'étendent aux fonctions méromorphes à l'intérieur de C.

II. — Inégalités algébriques.

(Mémoires et Notes nos 95, 100, 102, 103, 106)

5. Les quantités $x_1, x_2, \ldots, x_n$ étant *réelles et positives* et p étant un nombre *réel* quelconque, M. Petrovitch part du fait que la valeur

(11) $$\rho = \frac{(x_1 + x_2 + \ldots + x_n)^p}{x_1^p + x_2^p + \ldots + x_n^p}$$

est toujours comprise entre les limites 1 et n^{p-1}; la première limite est atteinte lorsque, p étant quelconque, les x_i sont négligeables par rapport à l'un d'eux, ou bien lorsque, les x_i étant quelconques, on a $p = 1$; la seconde limite est atteinte lorsque les x_i sont égaux entre eux.

Soit $f(x)$ une fonction développable au voisinage de $x = 0$ en série de puissances

$$f(x) = a_0 + a_1 x + a_2 x^2 + \ldots,$$

chaque coefficient a_k étant réel et positif ou nul, les deux premiers coefficients a_0 et a_1 pouvant, d'ailleurs, avoir des valeurs réelles quelconques.

Désignons par

$$(12) \qquad \mu = \frac{x_1 + x_2 + \ldots + x_n}{n} \qquad \text{et} \qquad M = \frac{f(x_1) + \ldots + f(x_n)}{n}$$

la moyenne arithmétique μ des quantités x_i et la moyenne arithmétique M des valeurs correspondantes de la fonction $f(x)$.

En appliquant la proposition ci-dessus indiquée, M. Petrovitch arrive à la double inégalité

$$(13) \qquad f(\mu) \leqq M \leqq \frac{f(n\mu) + (n-1)f(0)}{n}$$

qui fournit les *limites le plus resserrées possibles* comprenant la moyenne arithmétique M exprimée en fonction de la moyenne arithmétique μ et étant *effectivement atteintes* dans les cas ci-dessus indiqués.

M. Petrovitch l'exprime sous la forme du théorème de la moyenne suivante, qui exprime l'un des faits fondamentaux d'Algèbre élémentaire :

Les moyennes arithmétiques μ et M sont liées par une relation de la forme

$$(14) \qquad M = \Phi(\mu) + \theta\Psi(\mu),$$

où

$$(15) \qquad \Phi(\mu) = f(\mu), \qquad \Psi(\mu) = \frac{f(n\mu) + (n-1)f(0)}{n} - f(\mu),$$

et où θ est un facteur toujours compris entre 0 *et* 1; *les limites $\theta = 0$ et $\theta = 1$ sont atteintes, la première lorsque tous les x_i sont* *égaux entre eux, la seconde lorsque tous les x_i deviennent négligeables par rapport à l'un d'eux.*

On peut aussi affirmer que la valeur de

$$f(x_1 + \ldots + x_n)$$

est toujours comprise entre les deux limites

$$[f(x_1) + \ldots + f(x_n)] - (n-1) f(0)$$

et

$$\frac{1}{n}[f(nx_1) + \ldots + f(nx_n)],$$

pouvant se confondre, pour une fonction $f(x)$ *arbitraire*, avec l'une ou l'autre de ces limites.

Ceci fait également voir que la fonction symétrique

$$f(x_1) + \ldots + f(x_n)$$

de n quantités positives, dont la somme a pour valeur s, *est toujours comprise entre les valeurs*

$$n f\left(\frac{s}{n}\right) \quad \text{et} \quad f(s) + (n-1) f(0)$$

pouvant se confondre avec l'une ou l'autre de ces limites.

Ces inégalités expriment une sorte de théorème général d'addition pour les fonctions $f(x)$ à coefficients tayloriens réels et positifs.

On en tire aussi des relations d'inégalités entre les moyennes arithmétique et géométrique de quantités plus grandes que 1. Soient z_1, z_2, ..., z_n une suite de telles quantités et posons

$$\mu = \frac{z_1 + z_2 + \ldots + z_n}{n}, \qquad P = \sqrt[n]{z_1 z_2 \ldots z_n}.$$

La moyenne géométrique P *est toujours comprise entre les deux limites*

$$(n\mu - n + 1)^{\frac{1}{n}} \quad \text{et} \quad \mu.$$

Ces limites sont *le plus resserrées possible*, la première étant atteinte lorsque tous les z, sauf un parmi eux, sont égaux à 1, et la seconde lorsque tous les z sont égaux entre eux.

6. Parmi les applications nombreuses et variées que M. Petrovitch a fait de ces résultats, nous en indiquerons quelques-unes à titre d'exemples :

1° *Le module d'une somme* Σu_k *de quantités positives* u_k *a pour valeur* $\theta(P+Q)$, où P désigne la valeur absolue de la somme de parties réelles des u_k, Q_k désignant la valeur absolue de la somme de coefficients de i des u_k, et θ étant un facteur dont la valeur est *toujours comprise entre* $\frac{1}{\sqrt{2}}$ *et* 1. La limite $\frac{1}{\sqrt{2}}$ est effectivement atteinte lorsque $P = Q$ et la limite 1 lorsque les u_k sont tous réels ou bien tous imaginaires.

Lorsque dans une somme Σu_k les parties réelles des u_k sont d'un même signe et qu'en même temps les coefficients de i dans les u_k ont tous un même signe, on a

$$\operatorname{mod} \Sigma u_k = \lambda \Sigma \operatorname{mod} u_k.$$

où λ est un facteur *toujours compris entre* $\frac{1}{\sqrt{2}}$ *et* 1. La première limite est effectivement atteinte lorsque chaque terme u_k est réel ou purement imaginaire et que, de plus, la somme des termes u_k réels et la somme des coefficients de i des u_k purement imaginaires sont égales en valeurs absolues. La seconde limite est atteinte lorsque les termes u_k sont à la fois tous réels ou bien tous purement imaginaires.

2° Étant donnée une équation algébrique

$$x^n + a_1 x^{n-1} + \ldots + a_{n-1} x + a_n = 0$$

à racines $\alpha_1, \alpha_2, \ldots, \alpha_n$ toutes réelles et positives (inégales ou égales), et $f(x)$ étant une fonction quelconque développable à l'intérieur d'une circonférence c contenant toutes les racines α, en série de Taylor à coefficients réels et positifs, *la valeur*

$$f(\alpha_1) + f(\alpha_2) + \ldots + f(\alpha_n)$$

est toujours comprise entre

$$nf\left(-\frac{a_1}{n}\right) \quad \text{et} \quad f(-a_1) + (n-1)f(0).$$

de sorte que, par exemple, la valeur de la fonction symétrique

$$e^{r\alpha_1} + \ldots + e^{r\alpha_n} \qquad (r > 0)$$

est toujours comprise entre la limite $ne^{-\frac{ra_1}{n}}$ atteinte dans le cas de l'équation

$$\left(x + \frac{a_1}{n}\right)^n = 0,$$

et la limite $e^{-ra_1} + n - 1$ atteinte dans le cas de l'équation

$$x^n + a_1 x^{n-1} = 0.$$

3° Le troisième côté d'un triangle, dont on ne connaît que la somme $a+b$ de deux côtés et l'angle obtus γ qu'ils forment entre eux, a pour valeur

$$c = (a+b)\cos^2\frac{\pi-\gamma}{4}(1 \pm \varepsilon),$$

où l'erreur relative ε *ne surpasse jamais la grandeur* $\operatorname{tang}^2\frac{\pi-\gamma}{4}$ et décroît rapidement lorsque l'angle γ s'approche de 180°. En prenant

$$c = (a+b)\cos^2\frac{\pi-\gamma}{4},$$

on commet une erreur relative qui, pour les angles γ supérieurs à 140°, n'atteindra pas 4 pour 100; pour les angles supérieurs à 150°, 1,8 pour 100; pour les angles supérieurs à 160°, 0,7 pour 100; pour les angles supérieurs à 170°, 0,2 pour 100, etc.

Les côtés d'un triangle quelconque étant a, b, c, on a

$$\sqrt{a^2+b^2+c^2} = \lambda(a+b+c),$$

où λ *est un facteur toujours compris entre*

$$\frac{1}{\sqrt{3}} = 0,5774\ldots \quad \text{et} \quad \frac{1}{\sqrt{2}} = 0,7071\ldots.$$

La première limite est atteinte pour les triangles isoscèles, la seconde lorsque $a = b$, $c = 0$.

Plus généralement, $f(x)$ étant une fonction quelconque à coefficients tayloriens réels et positifs (satisfaisant aux conditions de convergence), *la valeur*

$$f(a)+f(b)+f(c)$$

est toujours comprise entre les limites

$$3f\left(\frac{s}{3}\right) \quad \text{et} \quad f(s)-2f(0),$$

où s désigne le périmètre du triangle. Ces limites sont atteintes dans les cas ci-dessus indiqués.

Les trois angles d'un triangle quelconque étant α, β, γ (exprimés en parties de π), *la valeur*

$$f(\alpha)+f(\beta)+f(\gamma)$$

est toujours comprise entre les limites

$$3f\left(\frac{\pi}{3}\right) \quad \text{et} \quad f(\pi)-2f(0).$$

La première limite est atteinte pour le triangle isoscèle, et la seconde pour le triangle équilatère à un angle obtus voisin de π.

La diagonale d'un parallélépipède rectangle ayant pour côtés les trois médianes d'un triangle, est égale au périmètre s de ce même triangle multiplié par un facteur *toujours compris entre* $\frac{1}{2}$ *et* $\sqrt{3}$.

La résultante de trois vecteurs susceptibles de former un triangle et ayant pour somme scalaire S, a pour valeur λS, où λ est un facteur *toujours compris entre* $\frac{1}{\sqrt{3}}$ *et* $\frac{1}{\sqrt{2}}$.

Les mêmes inégalités algébriques se prêtent à de nombreuses applications aux intégrales définies et seront indiquées dans la deuxième Partie de cet Ouvrage.

7. M. Petrovitch déduit une autre série d'inégalités algébriques du théorème de M. Hadamard sur le maximum d'un déterminant. A l'aide de l'inégalité entre les moyennes arithmétique et géométrique, il en tire d'abord la conséquence suivante, particulièrement utile dans les applications : le module d'un déterminant d'ordre n ne surpasse jamais la quantité $A^n n^{-\frac{n}{2}}$, où A désigne la racine carrée de la somme de carrés des modules des éléments du déterminant.

En désignant par ρ_k le module du coefficient a_k de l'équation algébrique à coefficients réels ou imaginaires

$$x^n + a_1 x^{n-1} + \ldots + a_{n-1} x + a_n = 0$$

et en posant

$$M = \sum_{k=0}^{k=p} (k^2 + p - k)\rho_k^2,$$

la somme S_p de puissances $p^{\text{ièmes}}$ de racines de (16) pour $p \leq n$ est, d'après la proposition précédente, *toujours comprise à l'intérieur de la circonférence ayant pour centre l'origine et pour rayon la valeur* $\left(\frac{M}{p}\right)^{\frac{p}{2}}$. Dans le cas de $p > n$, ce rayon est à remplacer par $\mu\beta^p$, où

$$\beta = \sqrt{1 + \rho_1^2 + \rho_2^2 + \ldots + \rho_n^2}, \qquad \mu = \sqrt{\frac{1 + \rho_1^2 + \ldots + \rho_n^2}{\rho_1^2 + 4\rho_2^2 + \ldots + n^2\rho_n^2}}.$$

M. Petrovitch indique les applications que trouve cette proposition dans le calcul approché, avec une approximation exigée, de fonctions symétriques, algébriques ou transcendantes, des racines d'une équation algébrique.

En appliquant la même proposition aux systèmes d'équations, M. Petrovitch parvient au théorème suivant :

Étant donné un système de n équations linéaires à n inconnues $x_1, x_2, \ldots, x_n$, à coefficients réels ou imaginaires, le système de solutions est toujours compris à l'intérieur de la circonférence ayant pour centre l'origine et pour rayon la valeur

$$\frac{1}{|\Delta|}\left(\frac{L - K - \lambda}{n}\right)^{\frac{n}{2}},$$

où Δ est le déterminant du système, L la somme de carrés de tous les éléments de Δ, K la somme de carrés des modules des termes des équations indépendantes des x_i, λ la plus petite parmi les sommes λ_i, où λ_i désigne la somme de carrés des modules des éléments de la $i^{\text{ième}}$ colonne de Δ.

III. — Méthode spectrale en Algèbre et en Arithmétique.

(Mémoires, Notes et Ouvrages nos 107, 108, 109, 111, 113, 115.)

8. On apprend dès le début de l'Algèbre que, pour résoudre *en nombres* un problème à plusieurs inconnues, il faut autant d'équa-

tions *numériques* distinctes qu'il y a d'inconnues. Mais certains problèmes des plus élémentaires semblent déjà contredire cette assertion. On connaît, par exemple, de ces problèmes-devinettes qu'on se propose en matière de distraction dans les sociétés, où le calculateur (devin) se fait fort de deviner presque instantanément *plusieurs* nombres pensés d'après *une seule* donnée numérique qu'on lui énonce et qui est le résultat final d'un calcul auquel il n'assiste pas. La contradiction, manifestement, ne saurait être qu'apparente : en réalité, ce sont plusieurs données numériques qu'on fournit au devin sous l'apparence d'une seule dont les *segments*, groupes de chiffres convenablement délimités, lui révèlent directement ces données.

Ces petits jeux arithmétiques ont suggéré à M. Petrovitch l'idée d'en généraliser l'artifice pour qu'il puisse s'étendre à des problèmes plus importants et moins simples. Et il n'a pas tardé de s'apercevoir que ces problèmes élémentaires ne sont que des cas très particuliers d'un problème d'ordre général, résoluble par le même artifice et *consistant à calculer numériquement une suite limitée ou illimitée d'inconnues par une segmentation appropriée d'un seul nombre* S *rattaché au problème, le mode de segmentation étant indiqué par les conditions du problème.*

Dans la théorie de M. Petrovitch, le nombre S est la valeur que prend une expression analytique déterminée Φ, convenablement rattachée à la suite d'inconnues du problème, pour une certaine valeur particulière de la variable qu'elle contient. M. Petrovitch appelle le nombre S *spectre* rattaché à la suite d'inconnues, primitives ou auxiliaires, du problème. La manière dont les inconnues se déterminent à l'aide de S et laquelle n'est qu'une adaptation curieuse de l'artifice du devin dans les petits jeux mathématiques cités, rappelle, en effet, celle dont le spectre lumineux, dans l'Analyse spectrale chimique, révèle les éléments entrant dans la composition du corps analysé. Ainsi, un spectre numérique se trouve être composé de groupes N_k de chiffres significatifs séparés par un nombre plus ou moins grand de zéros intercalés, comme un spectre lumineux se compose de cannelures et de raies séparées par les parties sombres. Le nombre de zéros intercalés (déterminant la *dispersion* du spectre numérique) change avec la variation d'un paramètre que le calculateur est maître de faire varier à son gré à partir d'une certaine grandeur, comme l'étendue des parties sombres (déterminant la dispersion du spectre lumineux) change avec la variation de la température, ou de la pression, que l'expérimentateur peut modifier à son aise. Le groupe numérique N_k (la $k^{\text{ième}}$ cannelure du spectre) détermine, à la simple inspection, le nombre entier jouant le rôle d'une inconnue primitive ou auxiliaire du problème, et le chiffre de rang i du groupe N_k (la $i^{\text{ème}}$ raie de la $k^{\text{ième}}$ cannelure spectrale) détermine le $i^{\text{ème}}$ chiffre de l'inconnue.

Pour calculer, par exemple, la suite de coefficients binomes $\binom{6}{0}$, $\binom{6}{1}, \ldots, \binom{6}{6}$, il suffit de calculer le nombre

$$S = \frac{101^6}{100^6} = 1.061520150601;$$

le coefficient $\binom{6}{k}$ est représenté par la $k^{\text{ième}}$ cannelure du spectre représenté par ce nombre, c'est-à-dire par le groupe de chiffres significatifs de S commençant par la $(2k-1)^{\text{ième}}$ et terminé par la $2k^{\text{ième}}$ décimale de S.

Pour calculer la suite indéfinie de valeurs $\binom{2}{1}, \binom{4}{2}, \binom{6}{3}, \ldots$, il suffit de calculer le nombre

$$S = \frac{2}{\pi}\int_0^{\frac{\pi}{2}} \theta(4\cos^2 t)\,dt,$$

où

$$\theta(x) = \sum_0^{\infty} q^{n^2+n} x^n, \qquad q = \frac{1}{\sqrt{10}};$$

il a pour valeur

$$S = 0.102006002000070000252000924\ldots$$

et la valeur $\binom{2n}{n}$ est fournie par la $n^{\text{ième}}$ cannelure de ce spectre, c'est-à-dire par le groupe de chiffres significatifs de S commençant par la $\left[\frac{n(n+1)}{2}+1\right]^{\text{ième}}$ et terminée par la $\left[\frac{(n+1)(n+2)}{2}\right]^{\text{ième}}$ décimale de S.

On a ainsi un procédé général de calcul, imaginé par M. Petrovitch et appelé le *procédé spectral de calcul numérique*, qui consiste à *disperser* en un spectre numérique les valeurs des inconnues, comme le prisme disperse le faisceau des rayons lumineux en un spectre lumineux, l'expression analytique Φ, la *génératrice spectrale* du problème, y jouant ainsi un rôle analogue à celui du prisme analyseur. Et il se trouve que le procédé est susceptible de fournir à la fois, et par la continuation suffisante d'un même calcul numérique, les valeurs d'autant d'inconnues qu'on le veut, d'un problème auquel il s'applique, ainsi qu'individuellement chaque chiffre et chaque décimale d'une quelconque de ces inconnues. De plus, il permet de déterminer les *valeurs exactes* d'un nombre voulu d'inconnues à l'aide d'une valeur *suffisamment approchée* d'un seul nombre S.

Le procédé spectral de M. Petrovitch s'applique à tous les problèmes *dont les inconnues se laissent mettre en correspondance définie avec une série de puissances à coefficients nombres entiers*. Grâce à l'arbitraire que comporte la notion d'une telle correspondance, des problèmes de telle espèce se rencontrent dans toutes les branches de calcul, depuis les problèmes élémentaires d'Arithmétique, d'Algèbre, de Calcul de probabilités, jusqu'aux problèmes variés de calcul infinitésimal et de la théorie des fonctions.

Les exemples nombreux et variés traités dans la théorie de M. Petrovitch (partition de nombres; nombre de diviseurs d'un entier variable, nombre de nombres premiers inférieurs à un nombre donné; développement en série de fonctions d'une variable; calcul des intégrales définies; détermination de fonctions à l'aide du plus petit nombre de données numériques; représentation, exacte ou approchée, d'une fonction par un nombre décimal, son spectre, dont la suite de chiffres est en correspondance définie avec les éléments déterminants de la fonction, etc.) mettent en évidence l'efficacité et l'utilité de l'instrument de calcul fourni par les spectres numériques.

En désignant, par exemple, par $P(k)$ l'entier positif indiquant de combien de manières l'entier k peut s'écrire sous la forme

$$k = ax + by + \ldots + gt,$$

$a, b, \ldots, g$ étant des entiers positifs donnés, et $x, y, \ldots, t$ parcourant la suite de valeurs

$$x = 0, 1, 2, \ldots, m,$$
$$y = 0, 1, 2, \ldots, n,$$
$$\ldots\ldots\ldots\ldots\ldots\ldots$$
$$t = 0, 1, 2, \ldots, s,$$

la méthode spectrale conduit au théorème arithmétique suivant :

Formons le nombre entier (spectre du problème)

$$N = \frac{9_{(m+1)ah} \cdot 9_{(n+1)bh} \cdots 9_{(s+1)gh}}{9_{ah} \cdot 9_{bh} \cdots 9_{gh}},$$

où 9_k désigne l'entier que l'on obtient en écrivant le chiffre 9 k fois consécutivement ($9_1 = 9$; $9_2 = 99$; $9_3 = 999$, etc.) et h étant un certain entier rattaché au problème.

Le nombre $P(k)$ *coïncide avec l'entier formé du groupe de chiffres significatifs de* N *commençant par le* $(hk+1)^{\text{ième}}$ *et terminé par le* $(k+1)h^{\text{ième}}$ *chiffre de* N.

Ainsi, pour

$$k = 3x + 2y, \qquad 0 \leqq x \leqq 10, \qquad 0 \leqq y \leqq 9,$$

on aura $h = 1$ et

$$N = 101111212222323333434334334334\ldots$$

et le nombre $P(k)$ coïncide avec le $(k+1)^{\text{ième}}$ chiffre de N. L'équation, par exemple

$$3x + 2y = 19,$$

a exactement trois solutions en $x \leqq 10$ et $y \leqq 9$; ce nombre est bien indiqué par le vingtième chiffre de N.

Formons, comme second exemple, le nombre rationnel

$$S = \frac{1}{9_h} + \frac{1}{9_{2h}} + \ldots + \frac{1}{9_{mh}}\, 10^{-h} \frac{9_{2h}}{9 \cdot 9_h},$$

où m et h sont deux entiers donnés. Partageons la suite de premières décimales de S, formant l'ensemble de sa partie non périodique et la première période, en tranches successives T_1, T_2, ..., T_{m+1} à h chiffres, de sorte que la tranche T_k ($k = 1, 2, \ldots, m+1$) commence par la $[(k-1)h+1]^{\text{ième}}$ et se termine par la $kh^{\text{ième}}$ décimale de S.

La méthode spectrale conduit au théorème :

Le nombre de diviseurs d'un entier k, *autres que* 1 *et* k, *coïncide avec l'entier formé du groupe de chiffres significatifs de la tranche* T_k.

En désignant comme *lacune* toute tranche T_k composée de zéros, on a ainsi le théorème suivant :

Le nombre de lacunes que présente l'ensemble des k *premières tranches* $T_1, T_2, \ldots, T_k$, *est exactement égal au nombre des nombres premiers inférieurs à* k, *et cela pour toute valeur* $k \leqq m$.

On trouve, par exemple, pour $m = 100$, $h = 2$.

$$S = 0{,}0000000010002000201020004000202030004000400020006\ldots$$

Les vingt premières tranches à deux chiffres contiennent neuf lacunes, les cent premières tranches en contiennent vingt-six, indiquant qu'il y a neuf nombres premiers inférieurs à 20, qu'il y en a vingt-six inférieurs à 100, etc.

Le procédé spectral de développement en série, imaginé par M. Petrovitch, diffère entièrement des procédés actuellement connus. Il consiste à former un spectre rattaché à la fonction à développer en série, lequel, par ses cannelures et ses raies, fournit directement ou par un calcul connu soit tous les coefficients du développement à la fois, soit un ensemble voulu de ces coefficients, soit séparément tout coefficient voulu, ou même un chiffre d'un rang voulu d'un coefficient. Nous l'avons exposé dans la troisième Partie de cet Ouvrage.

L'intérêt que la méthode spectrale présente pour la théorie générale des fonctions est également mis en évidence dans la troisième Partie.

Le procédé même, par lequel M. Petrovitch détermine effectivement le spectre d'un problème, est assez curieux. Comme il a été dit, le spectre est la valeur numérique que prend une certaine expression $\Phi(x)$ convenablement rattachée au problème pour une certaine valeur numérique de x. Dans le cas général, l'expression $\Phi(x)$ se forme à l'aide de deux fonctions

$$f(x) = M_0 + M_1 x + M_2 x^2 + \ldots,$$
$$\xi(x) = \alpha_0 + \alpha_1 x + \alpha_2 x^2 + \ldots.$$

dont la première est à coefficients M nombres *entiers* (réels ou imaginaires) et la seconde à coefficients α nombres *commensurables* (de module égal à une puissance entière négative de 10). La fonction $f(x)$, la *caractéristique principale* du spectre, déterminera les *chiffres* mêmes qui figureront dans la valeur numérique du spectre. La fonction $\xi(x)$, la *caractéristique qualitative* du spectre, n'influe point sur les valeurs de ces chiffres, mais c'est d'elle que dépendra la *répartition* de ceux-ci dans le spectre, et par suite aussi la *dispersion* de celui-ci. Cette dernière fonction reste *la même pour tous les spectres ayant une dispersion donnée.*

La fonction $\xi(x)$ correspondant à une dispersion continuellement croissante (suivant une loi quelconque) est une fonction transcendante de x et M. Petrovitch démontre que *ces transcendantes ne satisfont à aucune équation différentielle d'ordre fini, algébrique en x, y et les dérivées de y par rapport à x.* Elles sont, d'ailleurs, étroitement liées aux fonctions thêta de la théorie des fonctions elliptiques et aux fonctions thêta de degrés supérieurs qui ont été l'objet de recherches importantes de M. Appell [1].

M. Petrovitch examine de près le spectre, formé à l'aide de ces deux caractéristiques, en tant que nombre décimal. Ce nombre ne saurait être un nombre entier (réel ou imaginaire) sans que sa caractéristique principale $f(x)$ se réduise à une constante; il ne saurait avoir un nombre limité de décimales que si $f(x)$ se réduise à un polynome en x. Lorsque la dispersion spectrale est uniforme, à toute caractéristique principale $f(x)$, fonction algébrique de x, correspond un spectre qui est *nombre algébrique.* Mais il n'en est pas nécessairement ainsi lorsque la dispersion n'est pas uniforme : un spectre dont la dispersion croît assez rapidement avec le rang des cannelures spectrales, est un *nombre transcendant de Liouville* quelle que soit la caractéristique principale $f(x)$. La transcendance du spectre peut, d'ailleurs, être due : 1° à sa dispersion seule; 2° à la composition des cannelures spectrales; 3° à la fois à sa dispersion et à la composition de ses cannelures [2].

---

(1) P. Appell, *Sur les fonctions* Θ *de degrés supérieurs* (*Comptes rendus de l'Académie des Sciences*, t. 153, 1911, p. 584-587 et 617-618).

(2) Les analyses de la méthode spectrale de M. Petrovitch ont paru dans :

1° *Revue générale des Sciences pures et appliquées*, numéro du 15 novembre 1919 (M. Maurice d'Ocagne);

2° *Enseignement mathématique*, 1920, n° 1 (M. A. Buhl);

3° *Bulletin of the Americ. mathem. Soc.*, 2e série, vol. XXVII, 1920, p. 28-29;

4° *Wiskundig tijdschrift*, t. XVI, p. 254;

5° Préface de M. Borel aux *Spectres numériques* de M. Petrovitch.

DEUXIÈME PARTIE.

INTÉGRALES DÉFINIES.

I. — Évaluation des intégrales contenant des fonctions arbitraires.

(Mémoires et Notes nos 4, 5, 11, 13, 20, 17, 18, 52, 54, 62, 64, 70, 80.)

9. Certains types d'intégrales définies se laissent calculer soit sous la forme explicite, en termes finis, soit sous la forme de séries convergentes, malgré la généralité supposée sur les fonctions figurant sous le signe d'intégrale. M. Petrovitch fournit, à cet égard, diverses formules générales rendant possible l'évaluation d'un grand nombre d'intégrales définies. Ainsi :

1° Soient $f(t)$ et $\Phi(z, t)$ deux fonctions holomorphes pour les valeurs de z et de t à parties réelles *plus grandes* qu'une valeur donnée λ et telles que le produit $f(z)\Phi(z, t)$ tend vers zéro, lorsque, z et t ayant pour parties réelles des valeurs arbitraires plus grandes que λ, la variable t croît indéfiniment. *On aura*

$$\int_{-\infty}^{\infty} \Phi(z, \lambda + ti)\frac{f(\lambda + ti)}{\lambda + ti - z}\,dt = -2\pi f(z)\Phi(z, z) \tag{18}$$

pour toute valeur de z à partie réelle plus grande que λ.

2° Soient $f(t)$ et $\Phi(z, t)$ deux fonctions holomorphes pour les valeurs de z et de t à parties réelles *plus petites* qu'une valeur donnée λ et telles que le produit $f(t)\Phi(z, t)$ tend vers zéro lorsque, z et t ayant pour parties réelles des valeurs arbitraires plus petites que λ, la variable t croît indéfiniment. *L'intégrale* (18) *a pour valeur* $2\pi f(z)\Phi(z, z)$ *pour toute valeur de z à partie réelle plus petite que λ.*

3° Supposons que $f(t)$ et $\Phi(z, t)$ soient holomorphes pour les valeurs de z et de t à coefficients de i *plus grands* qu'une valeur donnée μ et que le produit $f(z)\Phi(z, t)$ tend vers zéro lorsque, z et t

ayant pour coefficients de i les valeurs arbitraires plus grandes que μ, la variable t croît indéfiniment. On aura

$$(19)\qquad \int_{-\infty}^{+\infty} \Phi(z, t+\mu i)\frac{f(t+\mu i)}{t+\mu i - z}\,dt = 2\pi i f(z)\Phi(z, z)$$

pour toute valeur de z à coefficient de i plus grand que μ.

4° Supposons que $f(t)$ et $\Phi(z, t)$ soient holomorphes pour les valeurs de z et de t à coefficients de i *plus petits* que μ et que le produit $f(t)\Phi(z, t)$ tend vers zéro lorsque z et t ayant pour coefficients de i des valeurs arbitraires plus petites que μ, la variable t croît indéfiniment. *L'intégrale* (19) *a pour valeur* $-2\pi i f(z)\Phi(z, z)$ *pour toute valeur de* z *à coefficient de* i *plus petit que* μ.

En séparant les parties réelles et les parties imaginaires des intégrales (18) et (19), les formules de M. Petrovitch conduisent à une infinité de formules exprimant les fonctions données sous la forme d'une intégrale définie qui sera réelle pour $f(z)$ réelle.

En faisant dans la formule (18)

$$\lambda = 0, \qquad \Phi(z, t) = \frac{2z}{t+z},$$

on arrive à la formule de Stieltjes

$$f(z) = \frac{2}{\pi}\int_0^{\infty} \frac{z\varphi(t)}{t^2+z^2}\,dt$$

[où $\varphi(t)$ désigne la partie réelle de $f(ti)$] valable pour toute fonction $f(z)$ holomorphe pour les valeurs de z à partie réelle positive et telle que le quotient $\dfrac{f(z)}{z}$ tend vers zéro lorsque t croît indéfiniment avec un argument compris entre $-\dfrac{\pi}{2}$ et $\dfrac{\pi}{2}$.

De même, en faisant dans la formule (18)

$$\lambda = 0, \qquad \Phi(z, t) = \frac{zt}{t+z},$$

elle se réduit à une seconde formule de Stieltjes

$$f(z) = \frac{2}{\pi}\int_0^{\infty} \frac{t\psi(t)}{t^2+z^2}\,dt$$

[où $\psi(t)$ désigne le coefficient de i dans $f(ti)$] valable pour toute fonction $f(z)$ holomorphe pour les valeurs de z à partie réelle positive et tendant vers zéro lorsque z croît indéfiniment avec un argument quelconque compris entre $-\frac{\pi}{2}$ et $\frac{\pi}{2}$. Lorsque la fonction $f(z)$ satisfait à ces conditions et n'est pas réelle pour $z = ti$, M. Petrovitch en tire le résultat suivant :

Le coefficient A_n *de la série de Taylor*

$$f(z) = A_0 + A_1(z-a) + A_2(z-a)^2 + \ldots$$

relative à une valeur de a réelle et positive arbitraire, se laisse mettre sous la forme

$$A_n = \frac{(-1)^n 2}{\pi} \mathfrak{J}_n,$$

où

$$\mathfrak{J}_n = \int_0^\infty \psi(t) \frac{\sin\left[(n+1)\operatorname{arc\,tang}\frac{t}{a}\right]}{\sqrt{(t^2+a^2)^{n+1}}} dt,$$

ce qu'on peut aussi exprimer sous la forme

$$\mathfrak{J}_n = -\frac{1}{a^n} \int_0^{\frac{\pi}{2}} \psi(a \operatorname{tang} t) \sin(n+1)t \cos^{n-1} t \, dt.$$

M. Petrovitch en conclut, par exemple, que le coefficient A_n relatif à une telle fonction $f(z)$ réelle pour $z = 0$ *est en valeur absolue toujours inférieur au coefficient correspondant de la série de Taylor relative à la fonction*

$$\frac{2M}{\pi}(z-a)\log\left(1-\frac{z}{a}\right),$$

où M est une constante positive convenablement choisie.

Étant donnée une fonction *entière et du genre zéro* $\chi(z)$, on a pour toute valeur de λ et pour toute valeur z à partie réelle plus grande que λ, les formules

$$\int_{-\infty}^{\infty} \frac{e^{-ti}\chi(ti)}{(z-ti)^{n+1}} dt = (-1)^n \frac{2\pi}{1.2.3\ldots n} \frac{d^n}{dz^n}[e^{-z}\chi(z)],$$

$$\int_{-\infty}^{\infty} \frac{e^{ti}\chi(-ti)}{(z+ti)^n} dt = (-1)^{n-1} \frac{2\pi}{1.2.3\ldots(n-1)} \frac{d^{n-1}}{dz^{n-1}}[e^{-z}\chi(z)],$$

faisant, par exemple, voir que *le coefficient A_n de la série de Taylor*

$$e^{-z}\chi(z) = A_0 + A_1(z-a) + A_2(z-a)^2 + \ldots,$$

où a est une valeur quelconque à partie réelle positive, se laisse exprimer sous la forme

$$A_n = \frac{(-1)^n}{2\pi}\int_{-\infty}^{+\infty} \frac{e^{ti}}{(a-ti)^{n+1}}\chi(ti)\,dt,$$

d'où l'on tire diverses inégalités relatives aux A_n.

10. Soit $\varphi(t)$ une fonction réelle pour t réel, continue dans un intervalle réel (a, b) et telle que l'intégrale

$$g_n = \int_a^b \varphi(t)\cos nt\,dt$$

ait un sens pour toute valeur entière positive ou nulle de n. *L'intégrale*

$$\Theta(x) = \int_a^b \varphi(t)\log(1 - 2x\cos t + x^2)\,dt$$

est une fonction discontinue de la variable x coïncidant tantôt avec la fonction

$$\lambda_1(x) = -2\sum_1^{\infty}\frac{g_n x^n}{n},$$

tantôt avec la fonction

$$\lambda_2(x) = 2g_0\log x + \lambda_1\left(\frac{1}{x}\right)$$

suivant que le point x se trouve à l'intérieur ou à l'extérieur d'une certaine circonférence ayant l'origine comme centre.

M. Petrovitch en tire diverses formules intégrales fournissant sous la forme d'intégrale définie :

1° La différence entre le nombre de zéros et de pôles d'une fonction méromorphe dans une circonférence donnée;

2° Le rapport des produits des modules des zéros et des pôles dans une circonférence donnée;

3° Diverses fonctions symétriques des racines d'une équation algébrique.

11. Étant donnée une fonction représentée par la série

$$f(z) = a_0 + a_1 z + a_2 z^2 + \dots$$

convergente dans une circonférence de rayon non nul, on appelle, d'après M. Borel, sa *fonction associée*, la fonction *entière* définie par la série

$$F(z) = a_0 + \frac{a_1 z}{1} + \frac{a_2 z^2}{1.2} + \frac{a_3 z^3}{1.2.3} + \dots$$

Le rôle même que joue la fonction associée dans la théorie moderne des séries de Taylor donne de l'intérêt au *problème de représentation de* $F(z)$ *à l'aide de* $f(z)$ *par les intégrales définies portant sur* $f(z)$.

M. Petrovitch a fourni plusieurs solutions de ce problème et mis en évidence des relations existant entre diverses particularités d'une fonction donnée $f(z)$ et celles de sa fonction associée $F(z)$.

12. Soit $f(x)$ une fonction développable pour $0 < x < 2\pi$ en série de Fourier

$$f(x) = \sum_0^\infty (a_n \sin nx + b_n \cos nx)$$

et posons

$$\varphi(x, r) = \sum_0^\infty (a_n \sin nx + b_n \cos nx) r^n,$$

où la partie réelle de r est supposée comprise entre -1 et $+1$.

Envisageons la transcendante

$$C(x, a) = -\sum_{n=1}^{n=\infty} [\cot a(n + x) + i],$$

étudiée par M. Appell (¹), holomorphe pour toute valeur de x à l'exception de celles qui rendent infinie une des cotangentes figurant comme termes, et posons

$$\Phi(z, \beta) = C\left[(-z + \beta), \frac{1}{2}\right] - C\left[(-z - \beta), \frac{1}{2}\right].$$

(¹) P. Appell, *Sur quelques applications de la fonction* $\Gamma(x)$ *et d'une autre fonction transcendante* (*C. R., Acad. Sc.*, t. 86, 1878, p. 953).

où β est une quantité réelle ou imaginaire avec le coefficient de i positif.

M. Petrovitch démontre la formule

$$\int_0^{2\pi} f(z)\Phi(z, \beta)\,dz = 4\pi i \sum_{n=1}^{n=\infty} \varphi(n, e^{\beta i})$$

et, utilisant un résultat connu de M. Schwarz sur l'intégrale de Poisson, montre que la formule subsiste encore pour $\beta = 0$, de sorte qu'on a

$$\sum_1^{\infty} f(n) = \lim \frac{1}{4\pi i}\int_0^{2\pi} f(z)\Phi(z, \beta)\,dz \qquad (\text{pour } \beta = 0).$$

Il démontre, par exemple, à l'aide de la même formule, que la limite de l'expression

$$(20) \qquad \int_0^{2\pi} \mathrm{R}(\sin xz, \cos xz)\,\Phi(z, \beta)\,dz$$

pour $\beta = 0$, où R est *rationnel* en $\sin xz$ et $\cos xz$ (lorsque cette limite existe, ce que l'on saura reconnaître) s'exprime linéairement à l'aide des fonctions telles que

$$\mathrm{C}(a_i, x), \qquad \frac{d}{da_i}\mathrm{C}(a_i, x), \qquad \frac{d^2}{da_i^2}\mathrm{C}(a_i, x), \qquad \ldots$$

et des fonctions telles que

$$\frac{e^{2k_i x\sqrt{-1}}}{1 - e^{2k_i x\sqrt{-1}}},$$

où les a_i sont certaines constantes et les k_i des nombres entiers. A l'aide de la formule connue

$$\mathrm{D}\log\theta_1(ax) = \rho(-x, a) - \rho(x-1, a) - \sqrt{-1}$$

(θ_1 étant la transcendante elliptique auxiliaire), M. Petrovitch trouve les conditions nécessaires et suffisantes auxquelles doit satisfaire R pour que cette limite de (20) soit une *fonction méromorphe doublement périodique* de x. Inversement, toute fonction méromorphe doublement périodique peut être exprimée comme limite d'une intégrale définie (20) pour $\beta = 0$.

13. Une autre classe d'intégrales définies s'exprimant linéairement à l'aide d'une transcendante déterminée et de ses dérivées successives, jouant le rôle d'*élément simple*, est la suivante, étudiée par M. Petrovitch dans plusieurs de ses Mémoires et Notes.

Soit pour n entier positif

$$\int_a^b \chi u^n \, dt = \varphi(n),$$

où u et χ sont des fonctions de t, où $\varphi(n)$ est finie et déterminée pour $n = 0, 1, 2, \ldots$. Soit $F(u)$ une fonction rationnelle de u holomorphe pour les valeurs de u dont le module est inférieur à la plus grande valeur absolue que prend la fonction réelle $u(t)$ lorsque t varie de a à b. *L'intégrale*

$$\mathfrak{I} = \int_a^b F(u)\chi \, du$$

s'exprime linéairement à l'aide de la fonction

$$\theta(x) = \sum_0^\infty \varphi(n) x^n$$

et de quelques-unes de ses dérivées successives, après y avoir remplacé x par les racines d'une certaine équation algébrique rattachée à la fonction F.

Par exemple, pour l'intégrale

$$\mathfrak{I} = \int_{-\infty}^{\infty} F(e^{-t^2}) \, dt,$$

l'élément simple est la transcendante

$$\theta(x) = \sum_0^\infty \frac{x_n}{\sqrt{n+1}};$$

pour

$$\mathfrak{I} = \int_0^\infty [e^{-t} F(1) - e^{-at} F(e^{-t})] \frac{dt}{t} \qquad (a > 0),$$

c'est la transcendante

$$\theta(x) = \sum_0^\infty \log(a+n) x^n, \qquad \ldots.$$

II. — Procédé spectral d'évaluation des intégrales définies.

(Notes et Ouvrage n°s 107, 108, 115.)

14. La méthode spectrale, imaginée par M. Petrovitch et dont les principes sont exposés dans la première Partie de cet Ouvrage, s'applique de deux manières différentes au calcul des intégrales définies :

Première manière. — Dans le cas d'une suite limitée ou illimitée d'intégrales $\mathfrak{I}_1, \mathfrak{I}_2, \mathfrak{I}_3, \ldots$ (simples ou multiples) telles que $\mathfrak{I}_n$ soit un nombre *entier* coïncidant avec le coefficient a_n du développement d'une fonction connue

$$f(x) = a_0 + a_1 x + a_2 x^2 + \ldots,$$

les $\mathfrak{I}_n$ sont déterminés comme *segments* convenablement délimités d'un *spectre* numérique rattaché à $f(x)$.

Ainsi, soit $f(z)$ une fonction analytique, homologue à l'intérieur d'une circonférence C de rayon R ayant le point a comme centre. *Chaque fois que l'intégrale de Cauchy*

$$\mathfrak{I}_n = \frac{1}{2\pi i}\int \frac{f(z)}{(z-a)^{n+1}}\,dz \tag{21}$$

a pour $n = 1, 2, 3, \ldots$ *des valeurs entières réelles et positives, on peut les calculer toutes à la fois comme segments d'un même nombre décimal* S *rattaché à la fonction* $f(z)$. Le nombre S est fourni comme valeur de l'intégrale définie

$$S = \frac{1}{2\pi}\int_0^{2\pi} \varphi(\rho e^{ti})\,\chi\left(\frac{e^{-ti}}{\rho}\right) dt,$$

où

$$\varphi(z) = f(a+z) - f(a),$$

$$\chi(z) = \sum_{n=0}^{n=\infty} q^{n^2+\lambda n} z^n,$$

ρ, λ, q étant des constantes convenablement choisies.

L'intégrale (22) peut d'ailleurs être remplacée par diverses autres qui lui sont équivalentes. Dans certains cas, elle peut même être remplacée par des expressions en termes finis formées à l'aide de $f(z)$ par des opérations arithmétiques élémentaires. Ainsi, chaque fois que l'intégrale de Cauchy (21) a pour $n = 1, 2, 3, \ldots$ des valeurs égales à des *nombres entiers compris entre deux nombres positifs donnés*, il existera deux entiers positifs et fixes M et N tels que la valeur d'une intégrale quelconque $\mathfrak{I}$ coïncidera avec l'entier $M + L_k$, le nombre L_k étant l'entier composé du groupe de décimales (segments) du nombre

$$(23) \qquad f(a + 10^{-N}) - f(a) - \frac{M}{10^N - 1}$$

commençant par le premier chiffre significatif qui suit la $(k-1)N^{\text{ième}}$ et finissant par la $kN^{\text{ième}}$ décimale du nombre (23).

Le procédé s'étend aussi au cas des $\mathfrak{I}_n$ *entiers quelconques*, réels ou complexes. Il s'applique également à toute suite $\mathfrak{I}_1, \mathfrak{I}_2, \mathfrak{I}_3, \ldots$ d'intégrales définies simples ou multiples telles qu'on puisse établir une correspondance définie entre cette suite et la suite de coefficients d'une série de puissances à coefficients nombres entiers (réels ou complexes).

Seconde manière. — Une intégrale définie peut être déterminée comme *spectre* d'une fonction $f(z)$ connue. C'est ainsi que la valeur de l'intégrale

$$\mathfrak{I} = \frac{2}{\pi} \int_0^{\frac{\pi}{2}} \theta(4\cos^2 t)\, dt,$$

où

$$\theta(z) = \sum_{n=0}^{n=\infty} q^{n^2-n} z^n, \qquad q = \frac{1}{\sqrt{10}}$$

coïncide avec le spectre

$$S = 0,1020060020000700002520000924\ldots$$

de la fonction

$$f(z) = \sum_{n=0}^{n=\infty} \binom{2n}{n}^2 z^n.$$

De même, en désignant par $\varphi(r, t)$ la partie réelle, pour $z = re^{ti}$, de la fonction rationnelle $f(z)$ représentant l'ensemble de $m < 100$ premiers termes de la série de Lambert, et en faisant

$$\alpha = 0,01; \qquad \rho = \sqrt{2 \text{ log. nat. } 10}.$$

la valeur de l'intégrale

$$\lambda = \frac{2}{\sqrt{\pi}} \int_0^\infty e^{-t^2} \varphi(x, \beta t)\, dt$$

coïncidera avec le spectre

$$S = 0,010002000002000000030000000002\ldots$$

de $f(z)$, dont la partie décimale s'écrit en rangeant bout à bout les groupes numériques G_1, G_2, G_3, ..., où G_k est égal au nombre de diviseurs de k précédé d'autant de zéros qu'il en faut pour que le nombre total de chiffres de G_k soit égal à $2k$.

III. — Théorèmes de la moyenne.

(*Mémoires* et Notes nos 86, 92, 97, 104, 110, 112.)

15. M. Petrovitch a établi plusieurs procédés conduisant à des *théorèmes de la moyenne* relatifs aux valeurs de types généraux d'intégrales définies.

I. Un premier procédé est fondé sur la remarque que les quantités $x_1, x_2, \ldots, x_n$ étant toutes *réelles et positives* et p étant un nombre *réel*, la valeur

$$\rho = \frac{(x_1 + \ldots + x_n)^p}{x_1^p + \ldots + x_n^p}$$

est toujours comprise entre les limites 1 et n^{p-1}, ces limites pouvant être effectivement atteintes.

M. Petrovitch en tire d'abord des conséquences relatives aux intégrales de la forme

$$\int_a^b \sqrt{f_1^2 + f_2^2 + \ldots + f_n^2}\, dx.$$

les f_i étant fonctions quelconques de x, réelles dans l'intervalle d'intégration. *L'intégrale se laisse décomposer en une somme de termes*

$$\int_\alpha^\beta f_i\, dx$$

(où f_i est à remplacer par sa valeur absolue), multipliée par un facteur Θ *toujours compris entre* $\frac{1}{\sqrt{n}}$ *et* 1, les α et β étant ou bien les limites a et b elles-mêmes, ou bien les valeurs de x comprises entre a et b pour lesquelles au moins l'une des fonctions f_i change de signe.

Il en résulte des conséquences importantes relatives aux arcs de courbes à un nombre quelconque de dimensions, aux aires des surfaces, etc. Ainsi :

1° Soient $x_1, x_2, \ldots, x_n$ les coordonnées d'un point dans l'espace à n dimensions, telles que l'élément d'arc d'une courbe dans cet espace soit exprimé par

$$ds^2 = \Sigma\, dx_i^2.$$

Considérons une partie s de longueur finie de l'arc, continue ou brisée, le long de laquelle l'arc présente une *allure invariable*, c'est-à-dire le long de laquelle chaque coordonnée x_i varie constamment dans un même sens, en croissant ou décroissant. Soit X_i la valeur absolue de l'accroissement fini de la coordonnée x_i lorsqu'on passe d'une extrémité de l'arc à l'autre. *La longueur s a pour valeur*

$$s = \theta\, \Sigma X_i,$$

où θ *est un facteur toujours compris entre* $\frac{1}{\sqrt{n}}$ *et* 1. Dans le cas particulier de courbes planes Θ est compris entre 0,7071... et 1; pour les courbes gauches, ce facteur est compris entre 0,5774... et 1, etc.

On peut, et cela d'une infinité de manières, déformer et allonger jusqu'à une certaine limite un arc donné aux extrémités fixées et d'allure invariable, sans que l'allure perde son caractère d'invariabilité. De combien se laisse-t-il allonger par une telle déformation? La réponse est fournie par le théorème de M. Petrovitch :

On peut allonger un arc à allure invariable au plus $\sqrt{n}$ *fois sans en altérer l'invariabilité d'allure.* Cette limite d'allongement est effectivement atteinte dans le cas particulier où l'arc s, primitivement réduit à une portion de droite

$$\varepsilon_1 x_1 + a_1 = \varepsilon_2 x_2 + a_2 = \ldots = \varepsilon_n x_n + a_n,$$
$$a_i = \text{const.}, \qquad \varepsilon_i = \pm 1,$$

est déformé de manière à se confondre avec la ligne brisée formée de

n portions de droites parallèles aux axes des coordonnées et aboutissant aux extrémités de l'arc primitif s.

En particulier, on peut allonger l'arc s d'une courbe plane au plus $\sqrt{2} = 1,4142\ldots$ fois, et l'arc d'une courbe gauche au plus $\sqrt{3} = 1,7320\ldots$ fois sans que son allure cesse d'être invariable.

Les mêmes considérations s'étendent à des coordonnées curvilignes et conduisent à des propositions du genre de celles qui précèdent. Elles s'appliquent également à des problèmes variés de Mécanique.

2° Considérons la surface P engendrée par un arc S de la courbe plane quelconque tournant autour d'un axe pris pour l'axe Ox. Désignons :

a. Par A la valeur absolue de l'aire plane limitée par l'arc s, l'axe de rotation Ox et les ordonnées des deux extrémités de l'arc s;

b. Par B l'aire plane ayant pour valeur : ou bien la valeur absolue de la demi-différence des carrés de ces deux ordonnées extrêmes (dans le cas où la courbe varie constamment dans un même sens entre les deux extrémité de l'arc s), ou bien la somme de valeurs absolues des demi-différences des ordonnées successives aux extrémités des arcs partiels variant toujours dans un même sens (en lesquels on peut partager l'arc s dans le cas où le sens de variation change entre ces extrémités);

c. Par R le côté du carré ayant pour surface $A + B$.

Les considérations précédentes ont conduit M. Petrovitch au théorème général suivant :

L'aire de la surface P *est égale à celle d'une circonférence de rayon* $r = \lambda R$, *où* λ *est un facteur compris entre* $\sqrt[4]{2} = 1,1892\ldots$ *et* $\sqrt{2} = 1,4142\ldots$ *quelle que soit la surface de révolution et l'arc* s *considérés.*

Le rayon r de la circonférence ayant la surface égale à l'aire P a ainsi pour valeur

$$r = kR(1 + \varepsilon),$$

où k désigne la constante numérique

$$k = \frac{\sqrt{2} + \sqrt[4]{2}}{2} = 1,3017\ldots$$

et la valeur absolue de ε ne surpasse jamais la valeur

$$\frac{\sqrt{2}-\sqrt[4]{2}}{\sqrt{2}+\sqrt[4]{2}} = 0,0864\ldots,$$

de sorte qu'*en prenant* $r = 1,3017\,R$ *l'erreur commise n'atteint 9 pour 100 pour aucune surface de révolution.*

Un des avantages appréciables de ces propositions consiste en ce qu'elles fournissent, à l'aide de planimètres ordinaires, et quelque irrégulière que puisse être la surface de révolution considérée, des limites entre lesquelles se trouve comprise l'aire P, ainsi que le rayon correspondant r. Les limites ainsi obtenues sont les limites *le plus resserrées possible* tant qu'on reste dans le cas général, car elles sont effectivement atteintes pour certaines surfaces particulières de révolution.

M. Petrovitch a appliqué les mêmes considérations à une foule d'intégrales définies. Par exemple, les trois fonctions u, v, w de la variable x étant réelles et positives dans l'intervalle (a, b), et m, n, p étant des constantes réelles quelconques, on a la formule

$$\int_a^b w(u^m + v^n)^p\,dx = \theta\left[\int_a^b w u^{mp}\,dx + \int_a^b w v^{np}\,dx\right],$$

où θ *est un coefficient toujours compris entre* 1 *et* 2^{p-1}.

On en tire ainsi les formules

$$\int_a^b w\sqrt{u^2+v^2}\,dx = \theta_1\left[\int_a^b wu\,dx + \int_a^b wv\,dx\right],$$

$$\int_a^b \frac{w\,dx}{\sqrt{u^2+v^2}} = \theta_2\left[\int_a^b \frac{w}{u}\,dx + \int_a^b \frac{w}{v}\,dx\right],$$

où θ_1 *est compris entre* 0,7071... *et* 1, *et* θ_2 *entre* 0,3535... *et* 1.

Ces formules permettent, entre autres applications possibles, de comparer les intégrales du genre *elliptique*, *hyperelliptique*, etc., à des intégrales portant sur des fonctions *rationnelles*. L'intégrale, par exemple

$$\int_a^b \sqrt{h+kx^4}\,dx \qquad (h>0,\ k>0),$$

est toujours comprise entre

$$0{,}7071\left[(b-a)\sqrt{h}+\frac{\sqrt{k}}{3}(b^3-a^3)\right]$$

et

$$(b-a)\sqrt{h}+\frac{\sqrt{k}}{3}(b^3-a^3).$$

La différence entre l'intégrale de Jensen

$$\frac{1}{2\pi}\int_0^{2\pi}\log\operatorname{mod} f(z)\,dt, \qquad z=\rho e^{ti}.$$

et l'intégrale

$$\frac{1}{2\pi}\int_0^{2\pi}\log(P+Q)\,dt.$$

où P et Q désignent les valeurs absolues de la partie réelle et du coefficient de i dans $f(\rho e^{ti})$, *est toujours comprise entre*

$$-\frac{1}{2}\log 2=-0{,}3465\ldots$$

et 0, ces limites pouvant être effectivement atteintes.

II. Un autre procédé de M. Petrovitch concerne les intégrales réelles ou imaginaires de la forme

$$(24)\qquad \int_a^b uv\,dx.$$

où u et v sont deux fonctions, réelles ou imaginaires de x. Sous la seule restriction, relative au chemin d'intégration, que celui-ci soit *réel* et de longueur finie, M. Petrovitch établit le théorème de la moyenne suivant : *On a*

$$\int_a^b uv\,dx=\frac{1}{2}\int_a^b u^2\,dx+\frac{1}{2}\int_a^b v^2\,dx-\theta\chi(c)^2,$$

où $\chi=u-v$, *c étant une valeur comprise entre a et b, et* θ *étant une valeur dont le module ne surpasse jamais* $\frac{b-a}{2}$ *et qui se réduit à* $\frac{b-a}{2}$ *lorsque u et v ont soit la partie réelle, soit la partie imaginaire commune.*

L'intérêt que présente cette forme du théorème de la moyenne consiste en ce qu'elle conduit à décomposer l'intégrale (24) en deux, dont l'une ne dépend que de u et l'autre de v, avec un terme correctif dont on connaît les limites supérieure et inférieure, et cela sans aucune restriction sur u et v autre que celle que les intégrales aient un sens.

M. Petrovitch établit également la formule

$$\int_a^b uv\,dx = \frac{1}{4}\int_a^b (u+v)^2\,dx - \theta_1\,\chi(c)^2,$$

où χ et c ont la signification précédente, θ_1 étant un facteur dont le module ne surpasse jamais $\frac{b-a}{4}$, et cela aussi sans aucune restriction sur u et v autre que celle que les intégrales aient un sens.

A l'égard des intégrales plus générales,

$$\mathfrak{J} = \int_L u_1 u_2 \ldots u_n\,dx,$$

où les u_i sont des fonctions de x quelconques, et L étant l'arc d'intégration, en remarquant que

$$|\mathfrak{J}| < \frac{1}{n^n}\int_L (|u_1| + \ldots + |u_n|)^n\,dx,$$

M. Petrovitch est conduit à diverses applications intéressantes dans les évaluations des intégrales définies et dans la théorie des séries de Taylor.

A l'intégrale

$$\mathfrak{J} = \int_0^\infty uv\,dx$$

se rattache la remarque curieuse suivante, due à M. Petrovitch :

Il est manifeste qu'il n'existe aucune fonction u de x telle que l'intégrale $\mathfrak{J}$ ait une valeur finie, déterminée et *différente de zéro* quel que soit le polynome v en x. Il existe cependant des fonctions u de x pour lesquelles $\mathfrak{J}$ a une telle valeur quel que soit le polynome v en x à coefficients nombres *algébriques* (entiers, commensurables ou irrationnels algébriques, réels ou imaginaires, positifs ou négatifs). Tel est, par exemple, le cas de la fonction

$$u = \frac{1}{e^{\sqrt{x}} - 1},$$

la racine carrée $\sqrt{x}$ ayant sa détermination positive.

TROISIÈME PARTIE.

THÉORIE DES FONCTIONS.

I. — Fonctions définies par les séries de puissances.

(Mémoires et Notes nos 46, 51, 53, 61, 63, 66, 70, 71, 84, 88, 103, 119.)

16. Les recherches de M. Petrovitch sur les fonctions définies par les séries de puissances

$$f(z) = a_0 + a_1 z + a_2 z^2 + \ldots \tag{25}$$

se rattachent principalement aux zéros, à la grandeur de module et aux valeurs asymptotiques de $f(z)$.

Un théorème général auquel il arrive par une application appropriée du théorème de M. Hadamard sur le maximum de module d'un déterminant, aux coefficients du développement de $\frac{1}{f}$, fournit le moyen de calculer des limites inférieures des valeurs annulant une série de puissances donnée lorsqu'on se donne la loi des coefficients de la série. Le théorème de M. Petrovitch est le suivant :

Si l'on forme la fonction

$$u(r) = \frac{1}{r^2} \sum_{n=0}^{n=\infty} |a_n|^2 r^{2n}, \tag{26}$$

la fonction $f(z)$ n'a aucun zéro à l'intérieur du cercle ayant l'origine comme centre et la valeur

$$\rho = \frac{|a_0|}{\sqrt{u(r)}} \tag{27}$$

comme rayon, et cela quel que soit r plus petit que le rayon R de convergence de (25).

M. Landau (¹) a depuis indiqué d'autres modes de démonstration du même théorème, mais la démonstration primitive de M. Petrovitch présente l'avantage incontestable de ne supposer que des faits les plus élémentaires de la théorie générale des fonctions et d'avoir pour base le théorème purement algébrique sur le maximum du déterminant.

Le théorème de M. Petrovitch est *absolument général* et ne suppose rien sur les coefficients de $f(z)$. Il est d'une application pratique très facile : on peut substituer aux coefficients a_n de $u(z)$ d'autres coefficients c_n tels qu'on ait

$$c_n \geqq |a_n|$$

et que l'on sache calculer la somme de la nouvelle série $u(z)$ ainsi obtenue.

Lorsque R est infini, la fonction réelle $u(z)$ commence par décroître pour r croissant à partir de zéro, atteint un minimum positif L après lequel elle croît constamment; on aura la valeur la plus élevée possible de λ en prenant L comme valeur de $u(z)$.

Lorsque R est fini, la valeur la plus élevée possible de λ sera l'une ou l'autre de deux valeurs

$$\frac{|a_0|}{\sqrt{L}} \quad \text{et} \quad \frac{|a_0|}{\sqrt{u(R)}}$$

suivant que la dérivée $\dfrac{du}{dz}$ est positive ou négative pour $r = R$.

La limite inférieure de λ ainsi trouvée est la limite *la plus précise possible* tant qu'on reste dans le cas général. En effet, elle est effectivement atteinte par le zéro de la fonction (²)

$$f(z) = \frac{2z - 1}{1 - z} = -1 + z + z^2 + z^3 + \dots.$$

M. Petrovitch applique le théorème aux fonctions entières d'un genre fini. En désignant par $M(r)$ le maximum du module d'une telle fonction $F(z)$ lorsque le module de z est égal à r, r étant une

---

(¹) E. LANDAU, *Sur quelques théorèmes de M. Petrovitch sur les zéros des fonctions analytiques* (*Bulletin de la Société mathématique de France*, 1905). — Le théoreme est aussi exposé dans E. FOUET, *Leçons élémentaires sur la théorie des fonctions analytiques*, 2ᵉ Partie, p. 187 (dans la seconde édition aussi la page 82).

(²) Cas signalé par M. Landau (*loc. cit.*).

variable réelle positive, on sait que, quel que soit le nombre réel et positif α, le produit

$$M(r)e^{-\alpha r^{p+1}}$$

reste inférieur à un certain nombre fini N lorsque r varie de o à ∞. M. Petrovitch indique comment la connaissance : 1° d'une limité supérieure du nombre N correspond à une valeur donnée de α; 2° de la valeur que prend $F(z)$ pour $z = 0$; 3° du genre p de cette fonction, permet de calculer des limites inférieures des modules des zéros de $F(z)$ et, d'une manière plus générale, des valeurs de z pour lesquelles $F(z)$ prend une valeur donnée à l'avance.

Parmi les autres applications, nous en citerons une d'ordre général et concernant la grandeur du *module minimum* d'une fonction analytique le long d'une circonférence.

Le théorème connu de M. Schou exprime une relation d'inégalité entre le *module maximum* $M(z)$ le long d'une circonférence C de rayon r ayant l'origine comme centre, d'une fonction $f(z)$ holomorphe à l'intérieur de C et sur C, et le nombre p de zéros de $f(z)$ compris dans C.

Le résultat auquel arrive M. Petrovitch, à l'aide de son théorème sur le module minimum des zéros de $f(z)$, exprime une relation d'inégalité entre le *module minimum* de $f(z)$ le long de C, et le nombre p et se résume dans le théorème suivant :

Le minimum du module de $f(z)$ le long de C ne surpasse jamais la valeur $\left(\frac{r}{\lambda}\right)^p$, où λ est la valeur (27).

17. Parmi les propositions de M. Petrovitch concernant les limites, inférieures et supérieures, des grandeurs des modules d'une série de puissances, nous en indiquerons les suivantes :

I. La série $\Sigma A_n z^n$ ayant pour coefficient général le produit de coefficients correspondants d'une suite de séries

$$(28) \qquad \sum_n a_{1n} z^n, \quad \sum_n a_{2n} z^n, \quad \ldots\ldots \quad \sum_n a_{pn} z^n,$$

à coefficient réels ou complexes, *a pour toute valeur de z comprise à l'intérieur du cercle de convergence commun aux séries* (28), *son module inférieur à*

$$\sqrt{\varphi_1\left(\frac{1}{r^p}\right)\varphi_2\left(\frac{1}{r^p}\right)\cdots\varphi_p\left(\frac{1}{r^p}\right)},$$

où $r = |z|$ *et*

$$\varphi_i(z) = \sum_n |a_{in}|^2 z^{2n}.$$

II. Pour toute valeur de z pour laquelle la série $\Sigma a_n z^n$, à coefficients réels ou complexes converge, *le module de la série* $\Sigma a_n^p z^n$ *est plus petit que la valeur*

$$\left[\varphi\left(\frac{1}{r^p}\right)\right]^{\frac{p}{2}},$$

où

$$\varphi(z) = |a_0|^p + |a_1|^p z + |a_2|^p z^2 + \ldots.$$

III. Soit

$$(29) \qquad f(z) = a_0 + a_1 z + a_2 z^2 + \ldots$$

une série à coefficients réels et positifs, les deux premiers coefficients a_0 et a_1 pouvant, d'ailleurs, avoir des valeurs réelles quelconques. Soient $x_1, x_2, \ldots, x_n$ des quantités réelles et positives dont la somme s est plus petite que le rayon de convergence R de (29). *On a la formule*

$$f(x_1 + \ldots + x_n) = \theta\left[f\left(\frac{x_1}{\theta}\right) + \ldots + f\left(\frac{x_n}{\theta}\right)\right] - (n\theta - 1)f(0).$$

où θ *est un facteur toujours compris entre* $\frac{1}{n}$ *et* 1. Les limites $\frac{1}{n}$ et 1 sont effectivement atteintes pour une fonction $f(z)$ arbitraire lorsque les x_i sont négligeables par rapport à l'un d'eux, ou bien lorsqu'ils sont égaux entre eux.

On a ainsi la formule

$$f(x_1) + \ldots + f(x_n) = A + \theta B.$$

où

$$A = nf\left(\frac{s}{n}\right),$$

$$B = f(s) - nf\left(\frac{s}{n}\right) + (n-1)f(0).$$

θ *étant un facteur toujours compris entre* 0 *et* 1, et ces limites étant atteintes dans les deux cas ci-dessus indiqués.

18. M. Borel a signalé le fait qu'étant donné un développement

$$f(z) = a_0 + a_1 z + a_2 z^2 + \dots$$

on peut lui substituer (et cela d'une infinité de manières) un autre développement

$$\varphi(z) = A_0 + A_1 z + A_2 z^2 + \dots$$

à coefficients A_n nombres *commensurables*, ayant mêmes singularités que $f(z)$ dans toute région du plan où les deux fonctions existent.

M. Petrovitch montre qu'on peut choisir les A_n *commensurables* de telle manière que le module de la différence $f(z) - \varphi(z)$ soit, dans un cercle donné, plus petit qu'un nombre donné à l'avance. Il établit ainsi le théorème suivant :

Une fonction analytique $f(z)$ peut être représentée au voisinage de tout point ordinaire z, et avec une approximation illimitée, par une série de puissances $\varphi(z)$ à coefficients commensurables, ayant des dénominateurs réglés par des lois données à l'avance (avec certaines restrictions de convergence).

On peut disposer de ces dénominateurs de manière à satisfaire à diverses conditions voulues, comme, par exemple, à l'une quelconque des conditions suivantes :

1° Que les deux fonctions f et φ aient *mêmes singularités* dans toute région du plan où elles existent ;

2° Que φ soit une série de puissances à coefficients [illegible] divisée par un nombre *entier* ;

3° Que la fonction φ se réduise à un *polynome* à coefficients nombres *entiers*, divisé par un nombre *entier*.

19. Il existe une infinité de séries de puissances [illegible] *réels* jouissant de la propriété remarquable que [illegible] *degré n*

ait tous ses zéros *réels* quel que soit *n*. [illegible]

pareilles séries ont été fournis par certaines transcendantes étudiées par M. Hardy [1].

M. Petrovitch, dans son Mémoire (71) présenté au Congrès international des Mathématiciens à Rome 1908, résout complètement le problème de trouver les conditions *nécessaires et suffisantes* pour qu'il en soit ainsi et fournit ainsi le moyen de *former effectivement toutes les séries de puissances jouissant de cette propriété.*

Soit $\Delta_n(a_0, a_1, \ldots, a_n)$ le discriminant de la réduite $f_n(z)$ et formons l'équation algébrique en x

$$(31) \qquad \Delta_n(a_0, a_1, \ldots, a_{n-1}, x) = 0.$$

En désignant par λ_n la plus petite racine positive de (31) et par μ_n sa plus petite (en valeur absolue) racine négative, M. Petrovitch énonce le théorème suivant :

Pour que $f(z)$ jouisse de la propriété considérée, il faut et il suffit qu'on ait $a_2 < \frac{a_1^2}{4a_0}$ et que chaque coefficient a_n $(2 < n)$ soit compris entre les deux racines correspondantes λ_n et μ_n.

Les coefficients a_n d'une pareille série satisfont à l'inégalité

$$(n-1)a_{n-1}^2 - 2a_n a_{n-2} > 0$$

montrant, par exemple, qu'il ne peut y avoir deux coefficients a_n consécutifs nuls, ni un coefficient nul entre deux coefficients affectés d'un même signe.

Pour les séries à a_n positifs, le théorème prend la forme suivante :

Pour que $f(z)$ jouisse de la propriété énoncée, il faut et il suffit que chaque coefficient a_n $(2 < n)$ soit inférieur ou égal à la racine λ_n.

M. Petrovitch fait voir que dans ce cas $f(z)$ *est une fonction entière de z égale au produit d'un produit canonique du genre zéro par une exponentielle e^{ax}.* Le même théorème a depuis été rencontré par M. Montel dans des recherches plus générales [2].

---

[1] Hardy, *On the zeros of a classe of integral functions* (*The Messenger of Math.*, novembre 1904, p. 97-101).

[2] P. Montel, *Sur les familles normales de fonctions analytiques* (*Annales de

18. M. Borel a signalé le fait qu'étant donné un développement

$$f(z) = a_0 + a_1 z + a_2 z^2 + \ldots$$

on peut lui substituer (et cela d'une infinité de manières) un autre développement

$$\varphi(z) = A_0 + A_1 z + A_2 z^2 + \ldots$$

à coefficients A_n nombres *commensurables*, ayant mêmes singularités que $f(z)$ dans toute région du plan où les deux fonctions existent (¹).

M. Petrovitch montre qu'on peut choisir les A_n *commensurables* de telle manière que le module de la différence $f(z) - \varphi(z)$ soit, dans un cercle donné, plus petit qu'un nombre ε donné à l'avance. Il établit ainsi le théorème suivant :

Une fonction analytique $f(z)$ peut être représentée au voisinage de tout point ordinaire z, et avec une approximation voulue, par une série de puissances $\varphi(z)$ à coefficients commensurables, ayant des dénominateurs réglés par des lois données à l'avance (avec certaines restrictions de convergence).

On peut disposer de ces dénominateurs de manière à satisfaire à diverses conditions voulues, comme, par exemple, à l'une quelconque des conditions suivantes :

1° Que les deux fonctions f et φ aient *mêmes singularités* dans toute région du plan où elles existent ;

2° Que φ soit une série de puissances à coefficients nombres *entiers* divisée par un nombre *entier* ;

3° Que la fonction φ se réduise à un *polynome* en z à coefficients nombres *entiers*, divisé par un nombre *entier*.

19. Il existe une infinité de séries de puissances à coefficients $f(x)$ *réels* jouissant de la propriété remarquable que leur *réduite de degré n*

$$(30) \qquad f_n(x) = a_0 + a_1 x + a_2 x^2 + \ldots + a_n x^n$$

ait tous ses zéros *réels* quel que soit n. Des exemples effectifs de

---

(¹) E. Borel, *Leçons sur les fonctions méromorphes*, p. 36.

pareilles séries ont été fournis par certaines transcendantes étudiées par M. Hardy (¹).

M. Petrovitch, dans son Mémoire (71) présenté au Congrès international des Mathématiciens à Rome 1908, résout complètement le problème de trouver les conditions *nécessaires et suffisantes* pour qu'il en soit ainsi et fournit ainsi le moyen de *former effectivement toutes les séries de puissances jouissant de cette propriété.*

Soit $\Delta_n(a_0, a_1, \ldots, a_n)$ le discriminant de la réduite $f_n(z)$ et formons l'équation algébrique en x

$$(31) \qquad \Delta_n(a_0, a_1, \ldots, a_{n-1}, x) = 0.$$

En désignant par λ_n la plus petite racine positive de (31) et par μ_n sa plus petite (en valeur absolue) racine négative, M. Petrovitch énonce le théorème suivant :

Pour que $f(z)$ jouisse de la propriété considérée, il faut et il suffit qu'on ait $a_2 < \frac{a_1^2}{4a_0}$ et que chaque coefficient $a_n (2 < n)$ soit compris entre les deux racines correspondantes λ_n et μ_n.

Les coefficients a_n d'une pareille série satisfont à l'inégalité

$$(n-1)a_{n-1}^2 - 2a_n a_{n-2} > 0$$

montrant, par exemple, qu'il ne peut y avoir deux coefficients a_n consécutifs nuls, ni un coefficient nul entre deux coefficients affectés d'un même signe.

Pour les séries à a_n positifs, le théorème prend la forme suivante :

Pour que $f(z)$ jouisse de la propriété énoncée, il faut et il suffit que chaque coefficient $a_n (2 \leqq n)$ soit inférieur ou égal à la racine λ_n.

M. Petrovitch fait voir que dans ce cas $f(z)$ *est une fonction entière de z égale au produit d'un produit canonique du genre zéro par une exponentielle* e^{ax}. Le même théorème a depuis été rencontré par M. Montel dans des recherches plus générales (²).

(¹) Hardy, *On the zeros of a classe of integral functions* (*The Messenger of Mathem.*, novembre 1904, p. 97-101).

(²) P. Montel, *Sur les familles normales de fonctions analytiques* (*Annales de l'École Normale supérieure*, 3e série, t. XXXIII, 1916, p. 281).

Le module de $f(z)$ est, pour toute valeur $z = re^{ti}$, plus petit que $a_0\Phi(\beta r)$, où $\Phi(z)$ est la fonction entière

$$\Phi(z) = \sum_0^\infty \frac{e^{-\alpha n^2}}{n!} z^n, \qquad \alpha = \frac{1}{2}\log 2,$$

β étant la constante $\frac{a_1\sqrt{2}}{a_0}$.

Les zéros de $f(x)$ croissent avec n plus vite que $2^{\frac{n}{2}}n$. M. Pólya a démontré que les transcendantes $f(z)$ à coefficients a_n positifs commensurables *ne satisfont à aucune équation différentielle algébrique* (¹).

Il est, d'ailleurs, facile de former des séries $f(z)$ en nombre illimité : il existe une infinité de suites $\omega_0, \omega_1, \omega_2, \ldots$ telles que $\Sigma a_n z^n$ étant une série $f(z)$, la série $\Sigma \omega_n a_n z^n$ l'est également.

Les transcendantes $f(z)$ ont, depuis les travaux de M. Petrovitch, été l'objet des études plus approfondies de M. Pólya (²) et de M. Montel (³).

20. Il existe également une infinité de séries de puissances à coefficients *réels* jouissant de la propriété que *ni la série elle-même, ni aucune de ses réduites de degré pair n'aient des zéros réels.* Telles sont, par exemple, les séries élémentaires

$$\sum z^n, \qquad \sum \frac{z^n}{n!}.$$

Désignons par λ_k l'intégrale définie

$$(32) \qquad \lambda_k = \int_a^b u v^k \, dt,$$

où les limites a et b sont arbitraires mais *réelles*, u et v étant deux

---

(¹) G. PÓLYA, *Zur untersuchung der Grossenordnung genzer Functionen die einer Differentialgleichung genügen* (*Acta mathematica*, Bd. XXXVII, 1920).

(²) G. PÓLYA, *Ueber Annäherung durch Polynome mit lanter reellen Wurzeln* (*Rendiconti del Circolo mat. di Palermo*, Bd. XXXVI, 1913, p. 2); *Ueber die Zusammenhang zwischen der konvergenz von Polynomfolgen und der Verteilung ihrer wurzelm* (*Rendiconti*, t. XXXVII, 1914).

(³) P. MONTEL, *loc. cit.* — Voir aussi la Note de M. R. JENTZSCH dans les *Comptes rendus de l'Académie des Sciences*, numéro du 16 mars 1914.

fonctions arbitraires de t réelles dans l'intervalle (a, b), et u gardant un signe invariable dans cet intervalle.

M. Petrovitch montre que *si $\Sigma a_n z^n$ est une série à propriété énoncée, la série $\Sigma \lambda_n a_n z^n$ l'est également*. Il arrive à diverses propositions sur le module maximum de telles séries le long d'une circonférence donnée, sur le module minimum de leurs zéros, sur la distribution de ces zéros (ainsi que des zéros de leurs réduites d'un ordre donné) dans le plan de la variable z, etc.

II. — Un mode de décompostion des fonctions analytiques en éléments simples.

(Mémoires et Notes nos 11, 48, 54, 78, 99.)

21. Toute fonction analytique se laisse représenter, et cela d'une infinité de manières, par des intégrales de la forme

$$\int_L R(t, z)\, dt, \tag{33}$$

où R est une fonction *rationnelle* en z, qui la définit dans une région déterminée, du plan des z.

Ainsi, la formule fondamentale de Cauchy

$$f(z) = \frac{1}{2\pi i}\int_L \frac{f(t)}{t - z}\, dt, \tag{34}$$

ainsi que celles qui s'en déduisent par des différentiations, des changements de la variable ou du chemin d'intégration, fournissent des expressions analytiques de $f(z)$ sous la forme (33). On en déduit également une infinité d'autres formules du même type en les appliquant à des fonctions assujetties à des conditions plus particulières [par exemple les formules connues de Stieltjes ([1])].

D'autre part, une fonction $f(z)$ étant donnée par son développement taylorien, le coefficient général a_n se laisse mettre d'une infinité de manières sous la forme

$$a_n = \mathfrak{I}(n) = \int_L u r^n\, dt \tag{35}$$

([1]) Stieltjes, *Sur le développement de* $\log \Gamma(a)$ (*Journal de Mathématiques pures et appliquées*, 1889, p. 425-444).

(u et v étant fonctions de t), ou sous la forme d'une somme de pareils termes, ce qui fait que $f(z)$ sera représentée sous la forme (33). On connaît des solutions du problème d'exprimer a_n sous la forme (35) pour des classes très étendues des fonctions analytiques (MM. Borel, Le Roy, Stieltjes).

Or, si l'on suppose qu'on se donne à l'avance une fonction $f(z)$ exprimée sous la forme (33), M. Petrovitch remarque d'abord que le coefficient b_n de la série

$$R(t, z) = b_0 + b_1 z + b_2 z^2 + \ldots$$

se laisse exprimer sous la forme de la somme d'un nombre limité de termes de la forme

$$n(n-1)(n-2)\ldots(n-k)\vartheta(n),$$

où k ne dépend pas de n et où $\vartheta(n)$ est de la forme (35). Les fonctions correspondantes u et v ne dépendent pas de n et dépendent algébriquement des fonctions de t figurant comme coefficients de diverses puissances de z dans R.

Cette simple remarque conduit M. Petrovitch au théorème suivant :

En désignant par $\vartheta_1(n)$, $\vartheta_2(n)$, $\vartheta_3(n)$, ... les diverses intégrales de la forme (35) rattachées à la fonction $f(z)$, et par $\theta_1(z)$, $\theta_2(z)$, $\theta_3(z)$, ... les diverses fonctions

$$(36) \qquad \theta_k(z) = \sum_0^\infty \vartheta_k(n) z^n$$

correspondant à ces intégrales, *la fonction $f(z)$ se laisse exprimer comme combinaison linéaire à coefficients constants de termes*

$$(37) \qquad \left\{ \begin{array}{llll} \theta_1(z), & z\dfrac{d\theta_1}{dz}, & z^2\dfrac{d^2\theta_1}{dz^2}, & \ldots, \\ \theta_2(z), & z\dfrac{d\theta_2}{dz}, & z^2\dfrac{d^2\theta_2}{dz^2}, & \ldots, \\ \ldots\ldots, & \ldots\ldots & \ldots\ldots\ldots & \ldots \end{array} \right.$$

Les fonctions $\theta(z)$ jouent ainsi le rôle d'une sorte *d'éléments simples* par rapport à la fonction $f(z)$ à laquelle elles se rattachent. La question de convergence des $\theta(z)$ est étroitement liée à celle des valeurs asymptotiques des intégrales $\vartheta(n)$. Les égalités asymptotiques de Laplace, Darboux, Flamme, Hamy, Poincaré, Le Roy, ainsi que les diverses inégalités relatives à $\alpha(n)$, dont quelques-unes, d'une portée générale, sont dues à M. Petrovitch, fournissent ce qu'il faut pour résoudre le problème. Parmi les $\theta(z)$, il y en a qui sont fonctions *entières* de z et M. Petrovitch énonce des règles pour reconnaître s'il en est effectivement ainsi dans des cas considérés.

L'expression analytique des fonctions $\theta(z)$, soit sous la forme de séries (36), soit comme intégrale

(38) $$\theta(z) = \int_L \frac{u}{1-rz}\,dt,$$

se prête à l'étude détaillée des particularités de ces fonctions, en mettant en évidence des relations existant entre les diverses particularités des $\theta(z)$ et celles des fonctions u et r qui leur sont rattachées.

L'expression de $\theta(z)$ sous la forme (36) définit $\theta(z)$ à l'intérieur d'une circonférence; l'expression sous la forme (38) en fournit le prolongement analytique dans tout le plan. Chacune d'elles met en évidence des particularités de $\theta(z)$. La première, par exemple, se prête directement à l'application des résultats récents de la théorie des séries de puissances, concernant les relations existant entre la manière dont varie $\alpha(n)$ avec n et celle dont $\theta(z)$ croît avec z; ou bien entre les particularités de $\alpha(n)$ et les singularités de $\theta(z)$, ses zéros, ses pôles, etc. La seconde expression est souvent plus commode pour le calcul numérique de $\theta(z)$; elle rend possible l'étude des propriétés de $\theta(z)$ au delà du cercle de convergence de la série (36) correspondante. Elle se prête, par exemple, à l'étude des valeurs asymptotiques des $\theta(z)$, de la distribution de leurs singularités dans le plan des z, de la manière dont se comporte $\theta(z)$ lorsque z approche du cercle de la convergence de la série (36) ou bien d'une de ces singularités, ou lorsque z tourne autour de celle-ci, etc. Les Mémoires de M. Petrovitch contiennent plusieurs résultats importants à cet égard et font voir la possibilité d'établir une théorie générale de la correspondance entre les éléments (a, b, u, r) et la fonction analytique $f(z)$ à laquelle ils se rattachent.

Les fonctions $f(z)$ apparaissent directement sous la forme des éléments (a, b, u, r) dans un grand nombre de problèmes d'Analyse. Il y a, par exemple, une infinité d'équations différentielles

(39) $$f(x, y, y') = 0$$

dont l'intégrale générale est de la forme

$$F(\lambda y, C\mu) = 0 \qquad (C = \text{const.}),$$

où λ et μ sont fonctions de x et F une fonction *rationnelle* de C. M. Petrovitch énonce les conditions nécessaires et suffisantes pour qu'il en soit ainsi. L'intégrale $\int y\,dx$, ou, plus généralement, $\int R(x, y)\,dx$, où R est une fonction *rationnelle* en y et quelconque en x, prise le long d'un chemin donné L et considérée comme fonction de la constante d'intégration C se présente alors directement par ses éléments (a, b, u, v). *Tel est, entre autres, le cas d'une équation algébrique du premier ordre à points critiques fixes et du genre zéro.* L'intégrale $\int y\,dx$ sera de la forme

$$\int_L P(x, C)\,dx,$$

où P est une fonction rationnelle en C, les coefficients fonctions de x dépendant algébriquement des fonctions fournies par l'intégration d'une équation de Riccati et des coefficients figurant dans l'équation différentielle donnée. Elle se laisse, par le procédé précédent, décomposer en éléments simples dans lesquels interviendra l'intégrale d'une équation de Riccati. Dans le cas, par exemple, de l'équation bien simple

$$y' + xy^2 - \alpha^2 x = 0 \qquad (\alpha = \text{const.}),$$

l'intégrale

$$\int_0^\infty (y + \alpha)\,dx$$

s'exprime par la transcendante

$$\theta(C) = \sum_0^\infty \frac{C^n}{\sqrt{n+1}}.$$

Rappelons encore que, a étant une constante dont le coefficient de i est positif, toute fonction définie par une série de puissances dont le coefficient général est une fonction rationnelle de $\sin an$ et $\cos an$ admet comme élément simple la transcendante

$$\theta(z) = \sum_{n=1}^{n=\infty} [\cot(\alpha n + \beta) + i]\,z^n$$

(α et β étant des constantes) liée à la fonction $D\log\theta_1(z)$ de la théorie des fonctions elliptiques par la relation fonctionnelle connue. Ceci conduit à un procédé pour *exprimer les fonctions méromorphes doublement périodiques sous la forme d'une intégrale définie portant sur des combinaisons rationnelles d'exponentielles, avec les limites d'intégration* $-\infty$ et $+\infty$ (problème déjà résolu par H. Poincaré).

III. — Transcendantes spéciales intervenant dans des problèmes généraux.

(Mémoires et Notes nos 60, 61, 66, 68, 71, 75, 91.)

22. Il serait relativement facile d'imaginer et de construire effectivement, autant qu'on en veut, des transcendantes nouvelles définies par leur développement de Taylor et qui, par la forme de leur coefficient général, se prêteraient à l'étude de leurs diverses propriétés par les procédés usuels de la théorie générale des fonctions. Mais de telles transcendantes ne sauraient présenter un intérêt réel que si l'on pouvait leur faire jouer un rôle dans des questions d'ordre plus général, ou bien si elles se présentent comme éléments de calcul dans des problèmes intéressants, comme éléments de réduction pour les classes plus ou moins étendues de fonctions, etc.

Plusieurs, parmi les transcendantes nouvelles signalées et étudiées par M. Petrovitch, remplissent bien ces conditions.

Tel est, d'abord, le cas de la transcendante

$$\Omega(z) = 1 + z + \frac{z^2}{4} + \frac{z^3}{54} + \frac{z^4}{2379,423} + \ldots$$

ayant pour coefficient de z^n la plus petite racine positive de l'équation numérique de degré n en x

$$\Delta_n(1, 1, \lambda_2, \lambda_3, \ldots, \lambda_{n-1}, x) = 0,$$

dont le premier membre Δ_n désigne le discriminant du polynome en z

$$1 + z + \lambda_2 z^2 + \lambda_3 z^3 + \ldots + \lambda_n z^n$$

après y avoir remplacé λ_n par x.

La série $\Omega(z)$ signalée et étudiée par M. Petrovitch représente une transcendante nouvelle. C'est une *fonction entière du genre zéro*, égale au produit canonique du genre zéro par l'exponentielle e^{-z}. Elle a une infinité de zéros, tous réels, négatifs, inférieurs à -1 et croissant avec n, en valeur absolue, plus vite que $n(\sqrt{2})^n$. Son module pour $z = re^{ti}$ est inférieur à $\Phi(re\sqrt{2})$, où $\Phi(z)$ désigne la fonction entière

$$\Phi(z) = \sum_0^\infty \frac{e^{-\alpha n^2}}{n!} z^n, \qquad \alpha = \frac{1}{2}\log 2.$$

Considérons les fonctions

$$f(z) = a_0 + a_1 z + a_2 z^2 + \ldots (n = 1, 2, 3, \ldots)$$

citées précédemment et jouissant de la propriété qu'elles-mêmes et toutes leurs réduites d'ordre n

$$f_n(z) = a_0 + a_1 z + \ldots + a_n z^n \qquad (n = 1, 2, 3, \ldots)$$

aient toutes leurs zéros *réels*. En faisant $a_0 = a_1 = 1$ (ce qui ne diminue nullement la généralité), *la transcendante* $\Omega(z)$ *de M. Petrovitch forme dans l'espace fonctionnel une sorte de frontière entre le champ fonctionnel des* $f(z)$ *à propriété énoncée et le reste de fonctions*. En effet, parmi les $f(z)$, la série $\Omega(z)$ est celle où les coefficients a_n *atteignent leurs plus grandes valeurs possibles*.

23. La transcendante

$$\Delta(z, \alpha) = \sum_0^\infty \frac{z^n}{n^{\alpha n}}$$

(où α est une constante à partie réelle positive) étudiée également par M. Petrovitch, intéressante par elle-même par la simplicité de la loi de son coefficient général, se présente dans diverses questions relatives à des fonctions entières. Il se trouve que certaines particularités intéressantes des fonctions à étudier se traduisent par des inégalités entre le coefficient taylorien général a_n, rattaché à la fonction, et une fonction déterminée de son rang n s'exprimant justement à l'aide du coefficient général de la série $\Delta(z, \alpha)$. Les propriétés connues de celle-ci, en vertu de la correspondance existant entre la loi du coefficient a_n et les particularités (mode de croissance, valeur asymptotique, limites de variation, densité des zéros, etc.) de la fonction correspondante, peuvent alors conduire à des propriétés des fonctions à étudier. *La transcendante $\Delta(z, \alpha)$ se présente alors comme élément de comparaison et de calcul* pouvant rendre de véritables services.

Parmi les propositions de M. Petrovitch mettant en évidence ce rôle, nous signalerons les suivantes :

I. Le module du coefficient a_n d'une fonction entière simple (c'est-à-dire dont l'expression en produit de facteurs primaires est dépourvue du facteur exponentiel) et d'un genre fini est, à partir d'un certain rang fini, constamment *plus petit que le coefficient correspondant de* $\Delta(\lambda z, \beta)$, où λ et β sont des constantes positives indépendantes de n. Pour les fonctions du genre zéro, cette inégalité s'étend à tous les coefficients a_n.

Le module d'une série

$$f(z) = 1 + b_1 z + b_2 z^2 + \ldots,$$

ayant son coefficient général b_n égal à la $k^{\text{ième}}$ puissance du coefficient général d'une fonction entière simple du genre zéro, est *plus petit que* $\Delta(hr, k)$, où $h = (\mu e)^k$ et μ désignant la somme des inverses des modules des zéros de $f(z)$. Le module du $n^{\text{ième}}$ zéro de $f(z)$ croît au moins aussi vite que n^k, etc.

II. La transcendante $\Delta(z, \alpha)$ se présente aussi comme élément de comparaison pour toute série $f(z) = \Sigma a_n z^n$ à coefficients réels ou imaginaires *tels que la série ayant pour terme général* $\left|\frac{a_{n+1}}{a_n}\right|$ *converge uniformément.*

La série $f(z)$ représente alors une fonction *entière* de z dont le module, pour toute valeur de $z = re^{\theta i}$, est plus petit que $|a_0|\Delta(\mu r, 1)$, où μ est la constante précédente. Ceci fait, par exemple, voir que l'intégrale de Jensen

$$\frac{1}{2\pi}\int_0^{2\pi} \log|f(re^{\theta i})\, d\theta|.$$

rattachée à $f(z)$, a sa valeur plus petite que

$$\log|a_0| + \log\left(1 + \mu r e^{\frac{\mu r}{e}}\right);$$

que les zéros de $f(z)$ croissent au moins aussi vite que leur rang, etc.

III. D'une manière plus générale, toutes les fois qu'il existe un nombre fini, réel positif α tel que la série ayant pour terme général

$$\left|\frac{a_{n+1}}{a_n}\right|^{\frac{1}{\alpha}}$$

converge, la série représente une fonction *entière* de z dont le module, pour toute valeur $z = re^{\theta i}$, est *plus petit que* $|a_0|\Delta(\gamma z, \alpha)$, où γ et α sont des constantes positives.

IV. Soit

$$f(z) = 1 + a_1 z + a_2 z^2 + a_3 z^3 + \ldots$$

une série ayant pour coefficient général a_n un déterminant d'ordre n, formé d'éléments réels ou imaginaires, tels que la série à double entrée, formée des carrés de leurs modules, converge uniformément pour n indéfiniment croissant ; soit λ la somme de cette série.

La série $f(z)$ représente une fonction entière de z dont le module, pour toute valeur $z = re^{ti}$, *est plus petit que* $\Delta\left(r\sqrt{\lambda}, \frac{1}{2}\right)$; ce module pour r croissant indéfiniment croît *moins vite* que $re^{\frac{\lambda r^2}{2e}}$; l'intégrale de Jensen rattachée à $f(z)$ a sa valeur *plus petite* que $\log\Delta\left(r\sqrt{\lambda}, \frac{1}{2}\right)$; les zéros de $f(z)$ croissent *au moins aussi vite* que la racine carrée de leur rang, etc.

M. Petrovitch signale, d'ailleurs, de nombreuses classes de fonctions pour lesquelles l'intervention de la transcendante $\Delta(z, \alpha)$ fournit des limites inférieures et supérieures de leurs modules ; le mode de croissance, la densité des zéros, etc.

V. La transcendante $\Delta(z, \alpha)$ se présente aussi comme élément de réduction pour certaines classes d'intégrales définies. Tel est, par exemple, le cas des intégrales par lesquelles se calcule l'aire limitée par l'axe des x, les ordonnées correspondant à $x = 0$ et $x = 1$ et l'axe d'une courbe intégrale quelconque d'une équation linéaire et homogène d'un ordre quelconque, réductible à l'aide du changement de variable indépendante

$$x \log x = t$$

à une équation à coefficients constants. L'aire s'exprime par une somme de termes de la forme

$$C\frac{\Delta(-r,1)-1}{r} \quad \text{et} \quad C\frac{d^k}{dr^k}\left[\frac{\Delta(-r,1)-1}{r}\right]$$

relatifs à toutes les racines de l'équation caractéristique en r rattachée à l'équation linéaire transformée par ce changement de variable.

Il en est de même de l'aire totale, à droite de l'axe des Oy, limitée par l'axe Ox et l'arc d'une courbe intégrale quelconque d'une équation linéaire et homogène d'un ordre quelconque, réductible à l'aide du changement

$$xe^{-x}=t, \qquad y=e^{-x}z,$$

à une équation à coefficients constants.

24. La transcendante $\Delta(z, \alpha)$, jouant ainsi un rôle d'instrument utile de calcul, méritait une étude approfondie et a été l'objet de plusieurs Mémoires et Notes de M. Petrovitch. C'est une fonction entière de z, appartenant par son mode de croissance au type

$$z^h e^{gz^k},$$

où h, g, k sont des constantes positives. Lorsque z croît indéfiniment dans la direction des valeurs réelles positives, la fonction Δ tend asymptotiquement vers la fonction

$$\sqrt{\frac{2\pi}{\alpha e}}\, z^{\frac{1}{2\alpha}}\, e^{\frac{\alpha}{e} z^{\frac{1}{\alpha}}}.$$

Elle a une infinité de zéros et le module du $p^{\text{ième}}$ zéro croît avec son rang p au moins aussi vite que p^α.

Le cas particulier

$$\Delta(z,1)=\sum_0^\infty \frac{z^n}{n^n},$$

qui se présente dans plusieurs problèmes généraux, se prête, grâce à la possibilité de l'exprimer par une intégrale définie très simple à une étude plus approfondie. On a, pour toute valeur $z = re^{ti}$,

$$|\Delta| < re^{\frac{r}{e}} + 1,$$

$$\left|\frac{d^k \Delta}{dr^k}\right| < k! \left[\frac{1}{k^k} + \frac{r}{(k+1)^{k+1}}\right] e^{\frac{r}{e}}.$$

Lorsque z tend vers l'infini dans une direction quelconque à droite de l'axe imaginaire, le module de $\Delta(z, 1)$, ainsi que celui d'une quelconque de ses dérivées, augmente indéfiniment, mais au plus aussi vite que l'expression $ze^{\frac{z}{e}}$; pour les directions à gauche de cet axe, ces modules tendent vers zéro.

Lorsque z croît indéfiniment dans la direction des valeurs réelles positives, $\Delta(z, 1)$ tend asymptotiquement vers l'expression $Ae^{\frac{z}{e}}\sqrt{z}$, où A est la constante numérique

$$A = \sqrt{\frac{2\pi}{e}} = 1,52034\ldots$$

La courbe $y = \Delta(x, 1)$ a la droite $y = 1$ comme asymptote pour $x = -\infty$; lorsque x croît de $-\infty$ à $+\infty$, la courbe commence à décroître au-dessous de cette droite, coupe l'axe des x en un point qui se trouve entre $x = -39$ et $x = -40$, atteint un minimum négatif $y = -0,68772\ldots$ pour une valeur négative de x, à partir de laquelle elle commence à croître, coupe de nouveau l'axe des x en un point qui se trouve entre $x = -1,405$ et $x = -1,406$, coupe ensuite la droite $y = 1$ pour $x = 0$ et croît indéfiniment en tendant asymptotiquement vers la courbe

$$y = A\sqrt{x}\, e^{\frac{x}{e}},$$

A étant la constante numérique précédente.

La fonction $\Delta(z, 1)$ a deux zéros réels négatifs (compris entre les limites indiquées tout à l'heure) et une infinité de zéros imaginaires qui se trouvent tous en dehors de la bande comprise entre les deux droites $y + e\pi = 0$ et $y - e\pi = 0$, et dont les modules croissent au moins aussi vite que leur rang.

La fonction $a + \Delta(z, 1)$, où a est une constante, a au plus deux zéros réels, à savoir, en désignant par λ la constante $\lambda = 0,68772\ldots$ égale à la valeur du maximum négatif de $\Delta(z, 1)$: 1° si $a > \lambda$, il n'y a pas de zéros réels; 2° si $a = \lambda$, il y a un zéro réel double: 3° si $a < \lambda$, il y a deux zéros simples négatifs.

IV. — Fonctions entières généralisant les fonctions exponentielles et trigonométriques.

(Mémoires et Notes nos 82, 83, 85, 114, 118.)

25. Si, dans l'expression

$$\alpha_n = \frac{\int_a^b ur^n\,dt}{\int_a^b u\,dt},$$

on remplace u et r par diverses fonctions de t réelles, finies et continues pour t compris dans l'intervalle réel et fini (a, b), on a des suites

$$1, \quad \alpha_1, \quad \alpha_2, \quad \alpha_3, \quad \ldots$$

en nombre illimité. Les séries étudiées par M. Petrovitch

$$\vartheta(z) = 1 + \frac{\alpha_1}{1} z + \frac{\alpha_2}{1.2} z^2 + \frac{\alpha_3}{1.2.3} z^3 + \ldots,$$

$$\vartheta_1(z) = 1 - \frac{\alpha_2}{1.2} z^2 + \frac{\alpha_4}{1.2.3.4} z^4 - \ldots,$$

$$\vartheta_2(z) = \frac{\alpha_1}{1} z - \frac{\alpha_3}{1.2.3} z^3 + \frac{\alpha_5}{1.2.3.4.5} z^5 - \ldots,$$

liées par la relation

$$\vartheta(xi) = \vartheta_1(x) + i\vartheta_2(x),$$

lesquelles, dans le cas particulier de $r = \text{const.}$, se réduisent aux fonctions élémentaires

$$\vartheta(x) = e^{rx}, \qquad \vartheta_1(x) = \cos rx, \qquad \vartheta_2(x) = \sin rx,$$

représentent, dans le cas de r variable, des transcendantes variées *pouvant, sous plusieurs rapports, être considérées comme généralisation de ces fonctions.*

Ce sont des fonctions *entières* de x, du genre *zéro* ou *un*. La fonction $\vartheta(x)$ n'a qu'un nombre limité de zéros réels et un nombre limité de maxima et de minima. Lorsque x augmente indéfiniment,

$\vartheta(x)$ augmente aussi indéfiniment ou bien tend vers zéro, suivant l'argument avec lequel x augmente. Tout ceci est également valable pour les dérivées d'ordre quelconque, qui sont toujours fonctions de même espèce.

Les fonctions $\vartheta_1(x)$ et $\vartheta_2(x)$ sont *oscillantes* pour x réel, à un nombre illimité d'oscillations, ayant un nombre illimité de zéros réels positifs et négatifs et un nombre limité de zéros purement imaginaires. Elles ne surpassent pas, en valeur absolue, une certaine limite finie, pour aucune valeur réelle, finie ou infinie, de x. Tout ceci est également valable pour les dérivées d'ordre quelconque de ϑ_1 et ϑ_2 qui sont toujours fonctions de cette même espèce.

Des analogies plus profondes avec les fonctions e^{rx}, $\cos rx$, $\sin rx$ apparaissent dans le cas où la fonction u garde un signe invariable entre a et b. Dans ce cas, en désignant par M et N la plus grande et la plus petite valeur que prend la fonction r dans l'intervalle (a, b), M. Petrovitch arrive aux résultats suivants :

La fonction $\vartheta(x)$ n'a aucun zéro réel, ni aucun zéro imaginaire à coefficient de i compris entre $-\frac{2u}{M}$ et $+\frac{2u}{M}$. Si, en même temps, r garde un signe invariable dans l'intervalle (a, b), la courbe réelle $y = \vartheta(x)$ varie constamment dans un même sens lorsque x varie de $-\infty$ à $+\infty$, sans présenter de maxima, de minima ni de points d'inflexion, et il en est de même d'une dérivée quelconque de $\vartheta(x)$. Le polynome obtenu en arrêtant la série $\vartheta(x)$ à un terme quelconque de degré pair a tous ses zéros imaginaires.

L'expression $\frac{1}{x}\log\vartheta(x)$ à une valeur finie est comprise entre M et N pour toute valeur réelle de x. En désignant, d'une manière générale, par λ une fonction de x dont les valeurs, pour toute valeur réelle de x, sont finies et comprises entre $1 - h$ et $1 + l$, où

$$1 > h = \frac{M - N}{M} > 0, \qquad l = \frac{M - N}{N} > 0,$$

toute fonction $\vartheta(x)$ a pour x réel une *formule d'addition* de la forme

$$\vartheta(x_1 + x_2 + \ldots + x_n) = \vartheta(x_1)^{\lambda_1}\vartheta(x_2)^{\lambda_2}\ldots\vartheta(x_n)^{\lambda_n}$$

et une *formule de multiplication* da la forme

$$\vartheta(x_1 x_2) = \vartheta(x_1)^{\lambda_2 x_2} = \vartheta(x_2)^{\lambda_1 x_1}.$$

Les fonctions ϑ_1 et ϑ_2 ne varient alors qu'entre -1 et $+1$, avec un nombre illimité d'oscillations, avec un nombre illimité de zéros réels et n'ayant point de zéros purement imaginaires. Une formule remarquable, établie par M. Petrovitch, *généralise celle de Moivre :* en posant

$$H_1(x) = \vartheta_1(xi), \qquad H_2(x) = \vartheta_2(xi)$$

(les fonctions H_1 et H_2 sont réelles et généralisent les *fonctions hyperboliques*), on a

$$[H_1(x) + i\,H_2(x)]^m = H_1(m\lambda_1 x) + i\,H_2(m\lambda_1 x),$$
$$H_1(mx) + iH_2(mx) = [H_1(\lambda_2 x) + iH_2(\lambda_2 x)]^m$$

pour toute valeur réelle de x et de m.

Les analogies avec les fonctions trigonométriques se poursuivent jusqu'aux développements en séries procédant suivant les fonctions $\vartheta_1(nx)$ et $\vartheta_2(nx)$. Soit, par exemple,

$$A_0 + \sum_1^\infty A_n \cos nx + \sum_1^\infty B_n \sin nx$$

le développement, valable pour x compris entre o et 2π, d'une fonction $f(x)$ finie et continue dans cet intervalle.

M. Petrovitch montre que la série hypertrigonométrique

$$(40) \qquad A_0 + \sum_1^\infty A_n \vartheta_1(nx) + \sum_1^\infty B_n \vartheta_2(nx)$$

(dont les séries trigonométriques ne sont qu'un cas particulier) *est absolument et uniformément convergente et représente la fonction*

$$(41) \qquad \Phi(x) = \frac{\int_a^b u f(tx)\, dt}{\int_a^b u\, dt}$$

pour $o < x < \frac{2\pi}{M}$, où M représente la plus grande valeur absolue de u pour t compris entre a et b. Lorsque la fonction $f(x)$ est continue et a 2π comme période, le développement s'étend à toute valeur réelle de x.

Pour $r =$ const., la série (40) se réduit, quelle que soit la fonction u, à la série trigonométrique. Dans les cas de r variable et lorsque u garde un signe invariable pour les valeurs de t comprises dans l'intervalle (a, b), la série (40) représente une fonction de la forme $f(\mu x)$, où μ est une fonction de x dont les valeurs, lorsque x varie de $-\infty$ à $+\infty$, restent comprises entre la plus petite et la plus grande valeur que prend r pour t variant entre a et b.

L'expression de la série hypertrigonométrique (40) sous la forme (41) met en évidence les nombreuses propriétés de ces séries et représente la source de nombreuses formules généralisant celles qui se rattachent aux fonctions trigonométriques. M. Petrovitch indique, comme exemples, les formules

$$\sum_1^{\infty} \frac{1}{n}\vartheta_2(nx) = \frac{1}{2}(\pi - \alpha_1 x),$$

$$\sum_1^{\infty} \frac{(-1)^{n+1}}{n^2 - p^2}\vartheta_1(nx) = \frac{\vartheta_1(px)}{2p\sin p\pi} - \frac{1}{2p^2},$$

$$\sum_1^{\infty} \frac{(-1)^{n+1}}{n^2 - p^2}\vartheta_2(nx) = \frac{\pi}{2\sin p\pi}\vartheta_2(px),$$

généralisant les développements trigonométriques connus de x, $\cos px$, $\sin px$ et dont la première est valable pour $0 < x < \frac{2\pi}{M}$ et les deux autres pour toute valeur réelle de x.

26. Les transcendantes $\vartheta(x)$, $\vartheta_1(x)$, $\vartheta_2(x)$ se présentent dans divers problèmes d'Analyse et d'Arithmétique, ce qui donne un intérêt particulier à leur étude.

Ainsi, l'intégration de certaines classes d'équations différentielles ou fonctionnelles s'effectue à l'aide de ces transcendantes. Par exemple, la fonction $f(x)$ étant une transcendante $\vartheta(x)$ définie par ses éléments (a, b, u, r), l'équation différentielle linéaire à coefficients constants

$$a_0 y^{(n)} + a_1 y^{(n-1)} + \ldots + a_{n-1} y' + a_n y = f(x),$$

ainsi que l'équation fonctionnelle

$$a_0\lambda(x+h_0)+a_1\lambda(x+h_1)+\ldots+a_n\lambda(x+h_n)=f(x)$$

(avec certaines restrictions sur les constantes a_k et h_k) s'intègrent par les $\vartheta(x)$ correspondant aux mêmes éléments (a, b, u, r) que $f(x)$, sauf l'élément u.

D'ailleurs, comme le montre M. Petrovitch, toute fonction $f(x)$ finie et continue dans un intervalle fini de x se laisse représenter dans cet intervalle, avec une approximation réglable à volonté, par une transcendance $\vartheta(x)$, $\vartheta_1(x)$, $\vartheta_2(x)$. Les équations précédentes s'intègrent donc approximativement à l'aide de ϑ, ϑ_1, ϑ_2 pour une fonction analytique arbitraire $f(x)$.

L'équation de Laplace

$$(a_0x+b_0)y^{(n)}+(a_1x+b_1)y^{(n-1)}+\ldots+(a_nx+b_n)y=0$$

admet, dans des cas généraux, comme intégrales particulières des transcendantes $\vartheta(x)$ dont les éléments (a, b) s'obtiennent comme racines d'une certaine équation algébrique de degré n (ou comme une des valeurs $\pm\infty$); l'élément u s'obtient par l'intégration d'une certaine équation linéaire du premier ordre, et l'élément r est $r=t$.

L'intégrale définie

$$\int_a^b y\,dx,$$

où y est l'intégrale générale de l'équation de Halphen,

$$R_0y^{(n)}+R_1y^{(n-1)}+\ldots+R_ny=0 \tag{42}$$

[les R_i étant fonctions rationnelles de x et l'intégrale générale étant uniforme] est, avec quelques restrictions faciles à formuler, une combinaison linéaire et homogène de termes de la forme $\vartheta(\alpha)$, où les α sont racines d'une certaine équation algébrique rattachée à l'équation (42).

M. Petrovitch signale encore, parmi les fonctions entières

$$\vartheta_2=\alpha_0-\frac{\alpha_2}{1.2}x^2+\frac{\alpha_4}{1.2.3.4}x^4-\ldots$$

généralisant $\cos rx$, l'existence d'une classe de transcendantes qui, par une propriété arithmétique remarquable, *se rattachent aux nombres premiers*. Ce sont celles parmi les $\mathfrak{I}_2(x)$ dans lesquels les éléments (a, b) sont des nombres positifs *non entiers* avec $4 < a < b$ et où

$$u = f(t)\,\theta(t),$$

$f(t)$ étant une fonction arbitraire de t, réelle et holomorphe le long du segment $a \leqq t \leqq b$ de l'axe réel Ot, gardant un signe invariable le long de ce segment, et

$$\theta(t) = \left[\frac{\sin\frac{\pi\,\Gamma(t)}{t}}{\sin\frac{\pi}{t}}\right]^2.$$

La fonction $\theta(t)$ dont on sait, depuis H. Laurent, la relation avec les nombre premiers, est holomorphe dans le demi-plan des t à partie réelle positive et, pour t variant entre a et b, est constamment positive et plus petite que $\dfrac{1}{\sin^2\frac{\pi}{b}}$.

Les propositions arithmétiques, rattachées aux pareilles fonctions $\mathfrak{I}_2(x)$ et démontrées par M. Petrovitch, sont les suivantes :

1° La série

$$(43)\qquad \sum_{n=1}^{n=\infty} \mathfrak{I}_2[(2n-1)\pi]$$

converge et *a pour somme*

$$-\frac{1}{2}\sum f(p_i),$$

où $p_1, p_2, p_3, \ldots$ désignent les nombres premiers compris entre a et b.

2° La série

$$(44)\qquad \sum_{n=1}^{n=\infty} \mathfrak{I}_2(n\pi)$$

converge et *a pour somme*

$$\frac{1}{2}[\Sigma f(p_i) - f(0)].$$

3° La transcendante spéciale $\mathfrak{I}_2(x)$, correspondant à

$$\alpha_n = \int_a^b \theta(t) t^n \, dt,$$

jouit de la propriété remarquable que la série correspondante (43) converge et *a pour demi-somme le nombre de nombres premiers compris entre a et b.*

Une autre classe de transcendantes $\mathfrak{I}(x)$ a aussi des relations curieuses avec les *nombres premiers*, mis en évidence par M. Petrovitch. Désignons par $P(t)$ le polynome de degré m

$$P(t) = a_0 + a_1 t + \ldots + a_m t^m$$

et soit k un entier donné plus grand que 4. Désignons par h le zéro suivi, comme partie entière, de la suite des décimales de la somme Σa_n étendue aux indices *n égaux aux nombres premiers compris dans l'intervalle* $(k, m + k - 1)$. Envisageons, parmi les transcendantes $\mathfrak{I}(x)$, celle qui correspond aux éléments

$$a = 0, \qquad b, \qquad u = P(t) t^k, \qquad v = -t,$$

et soit L la limite vers laquelle tend $\mathfrak{I}(x)$ lorsque b augmente indéfiniment.

Toutes les fois que le produit $(n+k)a_n$ est, pour chaque coefficient a_n, un nombre entier (positif ou négatif), la partie décimale de L *est égale à celle de h ou de* $1 - h$ *suivant que* L *est négatif ou positif.*

M. Petrovitch considère encore la transcendante $\mathfrak{I}(x)$ correspondant aux éléments

$$a = 0, \qquad b, \qquad u = P(te^{-t}), \qquad v = te^{-t}$$

et envisage sa limite H pour $b = \infty$. En désignant par g le zéro suivi, comme partie entière, de la suite des décimales de la somme

$$\Sigma a_n (n + k)^{-(n+k-1)}$$

étendue aux indices *n égaux aux nombres premiers compris dans l'intervalle* $(k, m + k - 1)$, il établit la proposition suivante :

Toutes les fois que le produit $a_n (n + k)^{-(n+k-1)}$ est, pour chaque coefficient a_n, un nombre entier (positif ou négatif), la partie *décimale de* H *est égale à celle de* g *ou de* $1 - g$, *suivant que* H *est négatif ou positif.*

V. — Séries de puissances à coefficients nombres entiers.

(Notes et Ouvrage nos 108, 111, 115.)

27. Les séries de puissances à coefficients nombres entiers s'introduisent dans un grand nombre de questions d'Analyse et de la théorie des nombres. Ainsi ont-elles été l'objet d'importants travaux au point de vue, d'une part, de la nature analytique des fonctions qu'elles définissent (MM. Borel, Fatou, Polya) et, d'autre part de l'extension, à ces séries, des lois élémentaires qui régissent les nombres entiers (M. Cahen).

M. Petrovitch a imaginé un procédé de développement en séries de puissances différant entièrement des procédés connus et s'appliquant particulièrement aux séries de puissances à coefficients nombres entiers et aux séries qui s'y ramènent par une transmutation quelconque.

L'évaluation numérique des coefficients d'une série se fait, par les procédés usuels, soit en calculant *individuellement* chaque coefficient a_n par une formule explicite

$$a_n = \varphi(n) \qquad (n = 0, 1, 2, 3, \ldots),$$

soit en calculant a_n à l'aide de la suite déjà connue de coefficients $a_{n-1}, a_{n-2}, \ldots$ par une *formule de récurrence*

$$\varphi(n, a_n, a_{n-1}, a_{n-2}, \ldots) = 0.$$

Le *procédé spectral* de M. Petrovitch consiste à *calculer tous les coefficients* a_n *à la fois, ou bien un groupe voulu de coefficients, ou bien même un ou plusieurs chiffres de rang voulu d'un coefficient, à l'aide de la suite de décimales d'un seul nombre* S *rattaché à la fonction* $f(z)$ *à développer.*

Le nombre S, *spectre* de $f(z)$, se calcule, dans le cas général d'une fonction $f(z)$ quelconque développable en série de puissance convergente au voisinage de $z = 0$ et à coefficients nombres entiers, sous la forme d'une intégrale définie portant sur une combinaison déterminée de $f(z)$. Dans certains cas, cette intégrale peut être remplacée par des expressions en termes finis formées à l'aide de $f(z)$. Le spectre une fois calculé, les a_n sont déterminés comme segments (groupes de décimales successives) de S, et cela d'une manière qui présente des analogies frappantes avec celle dont le spectre lumineux, dans l'analyse spectrale chimique, révèle les éléments du corps analysé.

Il se trouve même que le procédé fournit à la fois, et par la continuation suffisante d'un même calcul numérique, les valeurs d'autant de coefficients a_n qu'on le veut, ainsi qu'individuellement chaque chiffre d'un coefficient. De plus, il permet de déterminer les *valeurs exactes* d'un nombre voulu de coeficients à l'aide d'une valeur *suffisamment approchée* d'un seul nombre S.

Ainsi, pour développer la fonction

$$f(z) = (1 + x + x^2)^6,$$

en sachant que les a_n ne surpassent pas 1000, il suffit de calculer le nombre

$$S = f(10^{-3}) = 10^{-36}\, 1001001^6 = 1{,}0062105009012614112609005002106001$$

et d'en partager la partie décimale en tranche de trois chiffres : chacune de ces tranches fournit un coeficient a_k. Il suffit, par exemple, de calculer S avec douze premières décimales pour avoir les quatre premiers coeficients de la série.

Pour développer une fonction rationnelle $f(z)$ dont les zéros du dénominateur sont tous simples et ont pour module l'unité, en sachant que les coefficients inconnus du développement sont des nombres entiers positifs, il suffit de calculer le nombre commensurable

$$S = f(10^{-h}),$$

où h est un entier positif convenablement choisi. Le coeficient a_n coïncidera avec l'entier composé du groupe de décimales de S commençant par la $[(n-1)h+1]^{\text{ième}}$ et se terminent par $nh^{\text{ième}}$ décimale de S; le $k^{\text{ième}}$ chiffre de a_n est fourni par la $(nh-k+1)^{\text{ième}}$ décimale de S.

Pour développer une fonction quelconque $f(z)$ holomorphe au voisinage de $z=0$ sachant seulement que les a_n sont des entiers positifs, il suffit de calculer l'intégrale définie

$$S = \frac{2}{\sqrt{\pi}} \int_0^\infty e^{-t^2} \varphi(\alpha, \beta t)\, dt$$

[où $\varphi(r, \theta)$ désigne la partie réelle de $f(re^{\theta i})$], α et β étant des constantes convenablement choisies. Il existe alors un nombre entier positif c tel que si l'on partage la suite de décimales de S en tranches consécutives de c, $2c$, $3c$, ... décimales, le coefficient α_0 coïncidera avec la partie entière de S et le coefficient a_n avec l'entier formé des chiffres significatifs de la $n^{ième}$ de ses tranches.

Le procédé s'applique également à toutes les séries de puissances admettant une transmutation $\Delta(f)$ qui la transforme en une série dont les coefficients sont des nombres entiers en relation déterminée avec les coefficients de la série primitive (par exemple les séries dont a_n n'a qu'un nombre limité de décimales; les séries à a_n commensurables provenant du développement d'une fonction algébrique; les séries telles que, ω_n étant convenablement choisi, le produit $\omega_n a_n$ soit un nombre entier, etc.).

VI. — Représentation d'une fonction analytique par un nombre décimal.

(Notes et Ouvrage nos 109, 115.)

28. C'est un fait aujourd'hui bien connu qu'un nombre avec une infinité de chiffres décimaux peut être l'image de toutes les complications fonctionnelles possibles : il peut présenter autant de diversité et résumer autant de complications qu'une fonction d'un nombre quelconque de variables. En langage précis de la théorie des ensembles, on l'exprime en disant que, d'une part, l'ensemble de fonctions d'une variable a une puissance au plus égale à la puissance de l'ensemble de nombres réels positifs (et même, si l'on veut, de nombres compris entre 0 et 1) et que, d'autre part, si l'on fait l'abstraction de la continuité de la correspondance entre deux ensembles continus, il n'y a pas de différence essentielle entre les ensembles continus à une dimension et les ensembles continus à n dimensions, c'est-à-dire entre les fonctions d'une variable et les fonctions à n variables.

M. Petrovitch s'est proposé le problème *de représenter effectivement une fonction analytique par un nombre décimal et d'établir une correspondance définie entre les éléments déterminants de la fonction et de la suite des chiffres définissant ce nombre.*

C'est là que sa théorie des *spectres numériques* (¹) lui a fourni un puissant appui. La représentation s'effectue à l'aide d'un *spectre de la fonction*, avec l'adjonction d'un ensemble d'indications *qualitatives* sur ses rapports avec la fonction, concernant les signes, le mode de segmentation du spectre convenant au problème, et les relations des segments spectraux avec la fonction. Ces dernières relations restent immuables pour les fonctions faisant partie d'une même *catégorie* de fonctions.

Pour la catégorie $f(z)$ développables en série des puissances à coefficients nombres *entiers positifs*, le spectre est fourni par le nombre

$$S = \frac{1}{2\pi}\int_0^{2\pi} f(re^{ti})\,\theta\left(\frac{e^{-ti}}{r}\right) dt,$$

où

$$\theta(z) = \sum_0^{\infty} q^{n^2+\lambda n} z^n,$$

q, r, λ étant des constantes convenablement choisies. Dans le cas où les coefficients de $f(z)$ sont des nombres *entiers quelconques* (réels ou imaginaires, positifs ou négatifs) la fonction $\theta(z)$ est à remplacer par la fonction

$$\chi(z) = \sum_0^{\infty} \varepsilon_n q^{n^2+\lambda n} z^n,$$

où ε_n est un de quatre nombres $+1$, -1, $+i$, $-i$.

Le nombre S étant connu, chaque coefficient de $f(z)$ est fourni par la suite de chiffres formant un segment déterminé de S ; l'ensemble de ces coefficients, *et par suite le nombre S lui-même*, déterminent la fonction $f(z)$.

En appelant *fonctions* (E) les fonctions $f(z)$ développables en série de puissances à coefficients nombres entiers, M. Petrovitch désigne comme une *transmutation* $\Delta[f]$ *compatible avec la fonction considérée* $f(z)$ toute transmutation se traduisant par un nombre limité ou illimité d'opérations déterminées, laquelle, effectuée sur $f(z)$, la *transmute* en une fonction (E) en établissant une correspondance définie réciproque entre les éléments déterminants de $f(z)$ et de la suite de coefficients de la *transmuée* (E).

(¹) Exposée dans ce qui précède (p. 22-28, 36-38 et 68-70).

Ainsi, la transmutation

$$\Delta[f] = A f(Bz), \qquad A = \text{const.}, \qquad B = \text{const.}$$

est compatible avec toute fonction *algébrique* développable en série de puissances à coefficients nombres *commensurables;* la transmutation

$$\Delta[f] = \frac{1}{2\pi}\int_0^{2\pi} [\operatorname{mod} f(z\,e^{it})]^2\,dt$$

est compatible avec toute fonction $f(z)$ à coefficients égaux aux racines carrées de nombres entiers; une certaine transmutation $\Delta[f]$ est compatible avec toute fonction y satisfaisant à une équation différentielle algébrique en x, y et les dérivées de y en x, les coefficients de y étant supposés *commensurables*, etc.

Ceci a conduit M. Petrovitch à une classification particulière des fonctions analytiques $f(z)$ basée sur la *manière dont leurs coefficients tayloriens se laissent collectivement transformer en nombres entiers.* Cette manière se trouvant résumée dans la forme d'un $\Delta[f]$ compatible avec f, deux fonctions f_1 et f_2 appartiendront à une même *catégorie spectrale* (f) s'il existe pour chacune d'elles un point du plan des z au voisinage duquel les deux fonctions admettent un même $\Delta[f]$, ne différant d'une fonction à l'autre que par les valeurs numériques d'un certain nombre de paramètres qu'il contient.

On considère, dans une telle classification, une fonction f comme correspondant à un point de *l'espace fonctionnel* dans lequel une catégorie spectrale f de fonctions représenterait un *champ fonctionnel* et où une transmutation déterminée $\Delta[f]$, applicable à f, établit effectivement la correspondance entre la fonction et le point. Une transmutation $\Delta[f]$ jouerait ainsi pour les points de l'espace fonctionnel un rôle analogue à celui que joue une transformation ponctuelle pour les points de l'espace. Un $\Delta[f]$ peut n'avoir un sens et n'être défini que dans un champ fonctionnel déterminé, de même qu'en Géométrie ordinaire une transformation ponctuelle peut n'être définie que pour les points d'une région de l'espace, d'une surface, d'une ligne.

Une transmutation $\Delta[f]$, appliquée à la fonction f et compatible avec celle-ci, donne pour transmuée une fonction (E) et établit une correspondance entre f et (E). M. Petrovitch désigne comme *spectre de $f(z)$, rattaché à la transmutation* $\Delta[f]$, le spectre de la transmuée (E).

Le spectre, avec un ensemble d'indications qualitatives qui s'y rattachent, détermine généralement une seule fonction (E). La fonction $f(z)$ elle-même est alors déterminée par la relation existant entre f et (E). Ainsi, par exemple, une fonction analytique $f(z)$ est complètement déterminée quand on sait que la transmutation

$$\Delta[f] = \int_0^\infty e^{-t} f(zt)\, dt$$

est compatible avec elle, que la transmuée (E) a ses coefficients tayloriens nombres entiers réels et positifs plus petits que 100 et que son spectre rattaché à $\Delta[f]$ considéré et défini par l'intégrale

$$S = \int_0^\infty e^{-t} f\left(\frac{t}{100}\right) dt$$

a pour valeur $\frac{7}{11}$; la seule fonction satisfaisant à ces conditions est

$$f(z) = 63\, e^z - 1.$$

Le problème, par exemple, de déterminer la courbe plane $y = f(x)$ dont la sous-tangente est développable en série de puissances de x à coefficients nombres entiers positifs à un seul chiffre et ayant au point $x = 0,1$, $y = y_0$ la longueur égale à la périphérie du cercle de rayon 1 est, grâce à la méthode spectrale, un problème parfaitement determiné. La courbe est définie par l'équation

$$y = y_0 \frac{\varphi(x)}{\varphi(0,1)},$$

où $\varphi(z)$ désigne la transcendante

$$\varphi(x) = 1 + \frac{x}{6} - \frac{x^2}{72} - \frac{31}{432} x^3 + \ldots,$$

le coefficient λ_n de x^n étant déterminé par la relation de récurrence

$$(n+1) M_0 \lambda_{n+1} + n M_1 \lambda_n + (n-1) M_2 \lambda_{n-1} + \ldots + M_n \lambda_1 = \lambda_n,$$

où $M_0 = 6$ et M_n étant égal à la $n^{\text{ième}}$ décimale du nombre 2π représentant ainsi le spectre de la sous-tangente.

29. Les procédés usuels de détermination d'une fonction analytique par les *conditions discrètes* exigent généralement une infinité de données numériques comme le sont, par exemple, les coefficients de la série de puissances, de la série trigonométrique, exponentielle, etc., correspondant à la fonction.

M. Borel [1] a indiqué divers autres modes de détermination d'une fonction *entière* $f(z)$ par des conditions discrètes, par exemple à l'aide des valeurs que prend $f(z)$ pour une suite discrète de valeurs de z avec l'adjonction d'un ensemble (C) de conditions supplémentaires de nature *qualitative* concernant le mode de croissance de $f(z)$ avec z.

Dans les modes actuellement connus de détermination des fonctions par de pareilles conditions, le nombre de données numériques n'est *limité* qu'exceptionnellement, dans des cas très particuliers où l'on connaît à l'avance la forme analytique de la fonction à un nombre limité de constantes près (par exemple dans le cas où la fonction se réduit à un polynome algébrique, exponentiel, trigonométrique, etc.).

Or, *la méthode spectrale de M. Petrovitch récèle une infinité de fonctions dont la détermination numérique complète se ramène à un problème dépendant d'un nombre limité de paramètres*, à la condition d'y adjoindre un ensemble (D) de conditions de nature *qualitative*.

Une catégorie (f) de fonctions est à considérer comme une *catégorie à m paramètres* si, en attribuant des valeurs numériques déterminées à m nombres variables, indépendants entre eux, que laisse arbitraires la définition de la catégorie (f), on engendre une fonction numériquement déterminée faisant partie de la catégorie, et cela de manière que toute fonction de la catégorie puisse être engendrée de cette façon.

La *catégorie* (E), c'est-à-dire l'ensemble de fonctions $f(z)$ développables en série de puissances à coefficients M_n nombres *entiers*, est alors à considérer comme une catégorie *à deux paramètres*. Ceux-ci sont : 1° le nombre entier positif β supérieur ou égal à l'entier positif M (dont l'existence est assurée par le fait que le rayon de la

---

[1] E. BOREL. *Sur l'interpolation* (*Comptes rendus de l'Académie des Sciences*, 1er semestre 1897, p. 673-676).

convergence de la série n'est pas nul) tel que $|M_n|$ ou bien $\sqrt[n]{|M_n|}$ ne surpasse pas 10^M pour aucune valeur de n; 2° le spectre S de la fonction.

D'autres catégories spectrales (f) admettent des transmutations $\Delta|f|$ établissant une correspondance entre les fonctions de cette catégorie et celles de la catégorie (E) : une transmutation $\Delta|f|$ compatible avec $f(z)$ entraîne une relation $(f, E) = 0$ entre f et sa transmuée (E) par le $\Delta|f|$ appliqué. Cette relation peut introduire un certain nombre de paramètres variables γ_i dans la fonction $f(z)$ qu'elle détermine et ces paramètres peuvent provenir : 1° des paramètres impliqués dans le $\Delta|f|$ même; 2° des constantes indéterminées qu'introduit la relation $(f, E) = 0$, par exemple, par l'intégration, par des termes d'une série laissés indéterminés par une relation de récurrence, etc.

Le nombre q de paramètres γ_i est plus ou moins considérable pour une même catégorie (f), suivant le $\Delta|f|$ appliqué, et peut varier de zéro à l'infini. M. Petrovitch introduit la notion de l'*indice spectral* δ de la catégorie (f) : c'est *le plus petit parmi les nombres* $q + 2$ ainsi rattachés à (f) par les divers $\Delta|f|$ compatibles avec (f). *Une catégorie* (f) *est alors à considérer comme une catégorie à un nombre de paramètres égal à son indice spectral.* Celui-ci indique le nombre de données numériques strictement nécessaires pour la détermination numérique complète d'une fonction particulière $f(z)$ faisant partie d'une catégorie (f).

La valeur de l'indice spectral dépend essentiellement de *particularités d'ordre arithmétique* caractérisant les coefficients du développement de la fonction générale de la catégorie (f) considérée en série d'une forme déterminée, au voisinage d'un point z. Ces particularités sont celles concernant la manière de rendre collectivement les coefficients de la série nombres entiers. La manière se résume dans la forme même d'un $\Delta|f|$ compatible avec (f).

L'indice spectral de la catégorie de fonctions développables, au voisinage d'un point $z = a$ en série de puissances à coefficients a_n nombres *entiers*, est $\delta = 2$; pour la catégorie de fonctions dont les a_n n'ont qu'un nombre limité de décimales, c'est $\delta = 3$; pour la catégorie (f) composée de fonctions algébriques à a_n commensurables, l'indice est $\delta = 4$, etc.

Comme on le voit, M. Petrovitch fait intervenir, dans la théorie des fonctions, des paramètres qui paraissent être en contradiction avec la notion usuelle de paramètres variables. Aussi, la catégorie (E) de fonctions apparaît, d'après les conceptions usuelles, comme dépendant d'un nombre *infini* de paramètres qui sont les coefficients mêmes de ce développement, assujettis à la seule condition d'être des nombres entiers M_n tels que $|\sqrt[n]{M_n}|$ n'augmente pas indéfiniment avec n. Dans la méthode de M. Petrovitch, ces mêmes paramètres apparaissent comme *segments d'un même nombre décimal* S, chaque segment étant composé d'un groupe déterminé de décimales successives du nombre S. Ce nombre n'est autre que le *spectre* de la fonction considérée; le mode de sa segmentation, par laquelle S fournit, à signes près, la suite de coefficients de la fonction, varie avec un autre paramètre β, qui est un entier positif.

Les deux nombres S et β jouent bien le rôle de deux paramètres variables de la catégorie (E) de fonctions : leur variation fait passer d'une fonction particulière (E) de la catégorie à une autre, et toute fonction de la catégorie peut être engendrée de cette manière. Il existe même (à signes de coefficients près) une correspondance réciproque et univoque entre les fonctions (E) et les nombres S', β : à deux fonctions distinctes correspondent deux couples distincts de valeurs numériques S, β et réciproquement.

Cependant, la contradiction n'est qu'apparente : en réalité, *le paramètre* S *condense un nombre limité ou illimité de paramètres en une seule suite de chiffres*. Dans le cas général, c'est bien une *infinité* de données numériques qui est fournie par le spectre S sous l'apparence *d'une seule* dont les segments convenablement délimités révèlent les valeurs à attribuer à une infinité de paramètres (qui sont les coefficients d'une série). Le fait ne diffère guère de celui qui se présente dans l'artifice de problèmes-devinettes par lequel le devin détermine instantanément *plusieurs* nombres pensés d'après *une seule* donnée numérique qu'on lui énonce et dont les divers segments lui révèlent autant de données qu'il y a d'inconnues.

30. La représentation d'une fonction par un nombre décimal n'est guère bornée à des catégories déterminées de fonctions. M. Petrovitch établit, à cet égard, le théorème suivant :

A toute fonction analytique et pour un cercle donné C *décrit autour d'un point ordinaire de la fonction, on peut faire correspondre l'ensemble d'un nombre décimal et d'un nombre entier positif qui, avec l'adjonction d'un ensemble de données qualitatives, contient tous les éléments pour la détermination de la fonction dans le cercle* C, *avec une approximation donnée à l'avance.*

Divers éléments caractéristiques des fonctions analytiques se laissent également, par la méthode spectrale de M. Petrovitch, condenser en un seul nombre décimal et un ensemble de données qualitatives. Tel est, par exemple, le cas des *singularités* d'une fonction comprise dans un cercle ayant pour centre un point ordinaire de la fonction; ou bien le cas des *zéros* d'une fonction compris dans un cercle, etc. Ainsi, étant donnée une fonction $f(z)$, on peut, d'après un théorème connu de M. Borel (1), pour la détermination de ses singularités à l'intérieur d'un cercle quelconque décrit autour d'un quelconque de ses points ordinaires, substituer à $f(z)$ une fonction (E). Celle-ci ayant un spectre, on a par là *une correspondance entre* $f(z)$ *et un nombre décimal contenant tous les éléments pour la détermination complète des singularités de* $f(z)$ *dans un cercle donné*. Le même procédé appliqué à $\frac{1}{f}$, $f - a$, f', etc., établit une pareille correspondance entre $f(z)$ et un nombre décimal déterminant les valeurs de z pour lesquelles $f(z)$ s'annule, prend une valeur donnée, atteint un maximum ou minimum, etc.

La méthode spectrale jette ainsi une vive lumière sur le rôle joué par les nombres décimaux dans la détermination des fonctions. Il a été acquis, par les travaux récents sur la théorie des fonctions (2), que tous les problèmes qui peuvent se poser dans l'étude des fonctions définies par des conditions énumérables peuvent être transposés, en principe, en problémes relatifs à la définition d'un seul nombre décimal; mais cette vue théorique n'est pas d'un grand secours tant qu'on ne définit pas d'une manière concrète la correspondance entre la fonction et le nombre décimal. Or, la méthode de M. Petrovitch offre, précisément, un moyen efficace d'établir une telle correspondance et de lever ainsi la difficulté principale dans le probléme de ramener effectivement l'étude d'une fonetion à celle d'un nombre décimal.

---

(1) E. Borel, *Leçons sur les fonctions meromorphes*, 1903, p. 35-36.
(2) E. Borel, *Ibid.* (Note III).

QUATRIÈME PARTIE.

ÉQUATIONS DIFFÉRENTIELLES.

I. — Théorie analytique des équations différentielles.

(*Mémoires, Notes et Ouvrage* n°s 1, 2, 3, 12, 15, 18, 19, 21, 24, 27, 29, 43, 99.)

31. M. Petrovitch a donné de nombreuses contributions à la théorie analytique des équations différentielles, en étudiant par les méthodes modernes et par les artifices qui lui sont propres, les propriétés des intégrales en elles-mêmes, sans se préoccuper de leur représentation explicite qui n'est, d'ailleurs, possible que dans des cas restreints.

L'idée fondamentale et simple qui lui sert de base consiste en ceci : les problèmes se rattachant à la manière dont les constantes d'intégration entrent dans l'intégrale générale d'une équation différentielle algébrique

$$F(x, y, y', y'', \ldots) = 0$$

(F étant polynome en $y, y', y'', \ldots$) dépendent essentiellement de la manière dont y, y', y'', entrent dans F, et par suite *dépendent essentiellement des groupes d'exposants de divers termes de* F *en* y, y', y'' .... A l'aide de ces groupes de nombres entiers positifs, M. Petrovitch forme certaines figures géométriques, semblables aux lignes polygonales de Newton et de Briot-Bouquet dans la théorie des fonctions algébriques et des équations différentielles du premier ordre. Ces figures représentent et résument d'une certaine façon la manière dont y, y', y'', ... entrent dans F et offrent ainsi les éléments nécessaires pour reconnaître si l'intégrale générale jouit d'une telle ou telle propriété rattachée aux constantes d'intégration. Le procédé que M. Petrovitch emploie à cet effet contient le germe d'une méthode générale et féconde pour étudier les propriétés de l'intégrale sur des figures géométriques convenablement rattachées à l'équation différentielle et dépendant des groupes d'entiers cités.

M. Petrovitch traite par cette méthode diverses questions concernant l'étude directe des zéros, des infinis, des maxima et minima, etc., des intégrales des équations différentielles algébriques de tout ordre et applique les résultats obtenus à l'étude des intégrales en se plaçant au point de vue de la théorie générale des fonctions.

Lorsque dans l'intégrale générale $y(x, C_1, \ldots, C_p)$ d'une équation d'ordre p on fait varier les constantes d'intégration $C_1, \ldots, C_p$, les valeurs de x qui annulent cette intégrale, celles qui la rendent infinie, celles qui la rendent maximum ou minimum, etc. *varient généralement avec les constantes d'intégration*. D'une manière générale, lorsqu'on fait varier une constante quelconque C_i figurant dans l'expression de l'intégrale générale, les valeurs $x = x_0$ qui annulent une combinaison donnée $\Psi(x, y, y', y'', \ldots)$ de la variable indépendante x, de l'intégrale y et de plusieurs de ses dérivées, varieront aussi. A une courbe donnée quelconque Γ_i dans le plan de la constante C_i correspondent une ou plusieurs courbes Δ_i dans le plan des x_0, de telle sorte que, si la constante C_i décrit la courbe Γ_i, une valeur x_0 décrira l'une des courbes Δ_i.

M. Petrovitch s'est proposé de chercher les conditions pour que ces courbes Δ_i se réduisent à des points isolés, c'est-à-dire les conditions *pour que les valeurs x_0 ne varient pas avec les constantes d'intégration, et de les calculer tous dans ce cas*. Le problème, une fois la combinaison Ψ donnée, se ramène à la recherche des *conditions pour que les zéros ou les infinis de l'intégrale générale ne varient pas avec la constante d'intégration*, et au calcul direct des zéros ou des infinis de cette intégrale, problèmes déjà suffisamment intéressants par eux-mêmes. MM. Fuchs, Poincaré, Picard et Painlevé se sont occupés de problèmes analogues concernant les points critiques algébriques et les singularités transcendantes de l'intégrale générale. Si le fait de la fixité des singularités est d'une importance capitale au point de vue de la théorie des fonctions, il n'en est pas moins vrai que le fait de la fixité des valeurs désignées par x_0, joint à celui de la fixité des singularités transcendantes, peut avoir une grande importance dans les applications des équations différentielles.

M. Petrovitch donne la solution complète du problème dans le cas des équations algébriques du premier ordre. Les conditions nécessaires et suffisantes pour que les zéros ou les infinis de l'intégrale générale ne varient pas avec la constante d'intégration sont très simples, et il est toujours facile de vérifier si elles sont remplies pour une équation donnée. Si les zéros (ou les infinis) sont fixes, M. Petrovitch indique le moyen de les calculer tous, et les méthodes de Briot et Bouquet permettent alors de trouver leurs ordres dans les cas où ces ordres existent et d'étudier l'intégrale dans leur voisinage. S'ils sont mobiles, M. Petrovitch donne le moyen de déterminer leurs ordres, qui sont toujours des nombres commensurables. Ce calcul se fait graphiquement, d'une manière très commode, au moyen d'un certain polygone dont la construction n'exige que la connaissance des exposants de y et y' dans le premier membre de l'équation, mis sous la forme d'un polynome en y et y' égal à zéro. La considération de ce polygone s'introduit d'une façon naturelle dans cette étude, comme on s'en rend compte par le théorème suivant de M. Petrovitch :

Pour que l'intégrale ait des zéros mobiles d'ordre λ, il faut et il suffit que ce polygone ait un côté de coefficient angulaire λ; pour qu'elle ait des infinis mobiles d'ordre λ, il faut et il suffit que le polygone ait un côté de coefficient angulaire $-\lambda$.

Les mêmes considérations conduisent aux théorèmes suivants :

Supposons l'équation écrite sous la forme

$$(45)\qquad \sum_{i=0}^{i=\mu} f_i(x, y)\, y'^{\mu-i} = 0.$$

où les f_i sont polynomes en y, et où le degré de f_i soit ν_i.

Pour que les zéros de l'intégrale de (45) soient fixes, il faut et il suffit qu'après avoir supprimé tous les facteurs communs aux $f_i(x, y)$, chaque f_i contienne le facteur y^h, où $h \geqq i$.

Pour que les infinis de l'intégrale soient fixes, il faut et il suffit qu'on ait $\nu_i - \nu_0 \leqq i$ pour $i = 0, 1, 2, \ldots, \mu$.

Pour que les zéros et les infinis soient fixes à la fois, il faut et il suffit que l'équation soit homogène en y et y', ou bien que le polygone soit un rectangle.

Dans le cas d'une équation d'ordre supérieur, il est impossible de donner une solution aussi complète du problème. Néanmoins.

M. Petrovitch énonce des conditions *suffisantes* pour que les zéros ou les infinis de l'intégrale générale soient fixes, en supposant les singularités transcendantes des intégrales envisagées fixes; les théorèmes ainsi énoncés trouvent, par exemple, leur application dans l'étude des intégrales méromorphes de l'équation, pour lesquelles les difficultés relatives aux singularités transcendantes ne se présentent pas. Les conditions suffisantes ainsi trouvées sont plus compliquées que dans le cas des équations du premier ordre, mais il est toujours possible de vérifier sur l'équation différentielle elle-même si elles sont remplies ou non. Cette vérification se réduit à la construction d'un polygone analogue à celui du cas des équations du premier ordre et à la recherche des racines d'une équation algébrique (rattachée à l'équation différentielle donnée) comprises dans un intervalle réel donné ou dans une bande limitée par deux droites dans le plan des imaginaires.

Les coefficients angulaires des côtés du polygone et certaines racines de cette équation algébrique représentent les seuls ordres possibles des zéros et des infinis mobiles de l'intégrale (mais on ne sait pas alors, en général, s'il n'existe pas des points x mobiles où y s'annule, y' étant indéterminée). Ces ordres peuvent être invariables (commensurables ou incommensurables), ou même imaginaires, ou dépendre des constantes d'intégration; M. Petrovitch indique des conditions *suffisantes* pour qu'ils soient tous *invariables*, comme dans le cas des équations de premier ordre.

32. Les applications de ces résultats sont nombreuses et variées. L'une d'elles fournit les *conditions nécessaires et suffisantes pour que l'intégrale générale d'une équation algébrique du premier ordre ait toutes ses singularités fixes*. D'après le théorème connu de M. Painlevé, les singularités transcendantes de l'intégrale ne varient jamais avec la constante d'intégration. M. Fuchs a donné les conditions pour qu'il en soit de même des points critiques algébriques, et il suffit d'y adjoindre les conditions de M. Petrovitch pour la fixité des infinis pour arriver à celles de la fixité de toutes les singularités, y compris les pôles. Lorsque ces conditions sont remplies, l'équation s'intègre par des opérations algébriques ou par deux quadratures au plus, et M. Petrovitch précise la forme analytique même de l'intégrale dans ce cas. Il applique ces conditions à diverses classes générales d'équations du premier ordre en cherchant

toutes les équations appartenant à une telle classe, dont l'intégrale a ses singularités fixes.

Les mêmes résultats conduisent à la solution complète du problème : *reconnaître si pour une équation algébrique du premier ordre existent dans le plan* (x, y) *des courbes* Γ *que les intégrales particulières ne coupent qu'en des points fixes, et trouver ces courbes quand elles existent.*

Étant donnée une équation algébrique de premier ordre

$$F(x, y, y') = 0$$

ayant des racines multiples en y', soit

$$Q(x, y) = 0$$

le résultat d'élimination de y' entre $F = 0$ et $\frac{\partial F}{\partial y'} = 0$. Lorsque la fonction $y(x)$, satisfaisant à l'équation $Q = 0$, ne satisfait pas à $F = 0$, on démontre que la courbe $Q = 0$ représente, en général, le lieu de points de rebroussements des courbes intégrales de $F = 0$; si, au contraire, la courbe $Q = 0$ satisfait à $F = 0$, on démontre qu'elle représente, *en général*, l'intégrale singulière de cette équation et l'enveloppe de ses courbes intégrales ([1]). Cependant un exemple signalé par M. Petrovitch fait voir qu'il peut arriver que la courbe $Q(t) = 0$, tout en satisfaisant à l'équation $F = 0$, *ne soit ni solution singulière ni enveloppe de courbes intégrales* de cette équation. M. Petrovitch démontre un théorème général relatif à ces cas d'exception en faisant voir que, dans ce cas, *la courbe* $Q = 0$ *est une courbe* Γ *que les intégrales de* $F = 0$ *ne coupent qu'en des points fixes :*

Pour qu'une équation $F = 0$ *admette des courbes* Γ, *il faut et il suffit que les équations*

$$\frac{\partial^{m_i+n_i} F}{\partial y^{m_i} \partial y'^{n_i}} = 0,$$

où $m_i + n_i < n$ *(*n *étant le plus grand exposant de* y' *dans* F*) aient des solutions communes; si* $u(x)$ *est une telle solution, la courbe* $u(x) = 0$ *est la courbe* Γ *cherchée.*

([1]) Picard, *Traité d'Analyse*, t. III, Chap. III.

L'existence des courbes Γ pour une équation différentielle donnée facilite souvent l'étude des intégrales. Dans certains cas généraux, elle conduit à l'intégration complète de l'équation; dans d'autres cas elle simplifie la détermination des intégrales particulières d'une nature analytique donnée (intégrales méromorphes, rationnelles, etc.). Par exemple, toute équation algébrique du premier ordre à points critiques fixes, admettant des courbes T, s'intègre soit algébriquement, soit par une ou deux quadratures, et M. Petrovitch précise la forme analytique d'une telle intégrale.

33. Les résultats les plus importants des recherches de M. Petrovitch dans le domaine de la théorie analytique des équations différentielles sont celles qui se rattachent à l'étude des *intégrales particulières uniformes*. Même dans le cas où l'intégrale générale n'est pas uniforme, l'équation peut admettre une ou plusieurs intégrales particulières uniformes. Les méthodes servant à reconnaître si l'intégrale *générale* est uniforme ne s'appliquent point lorsqu'il s'agit de reconnaître si l'équation admet des intégrales *particulières* uniformes, probléme généralement plus compliqué que le premier. De même, on sait reconnaître la nature analytique de l'intégrale générale, supposée uniforme, d'une équation donnée, mais on ne sait pas résoudre le probléme analogue pour les intégrales particulières.

Deux ou plusieurs intégrales particulières uniformes transcendantes y_1, y_2, ... sont à considérer comme *distinctes* s'il n'existe entre elles aucune relation algébrique à coefficients fonctions algébriques en x. En combinant un procédé employé par M. Painlevé dans l'étude des intégrales rationnelles d'une équation différentielle algébrique du premier ordre, avec les théorèmes classiques de M. Picard sur les zéros des fonctions uniformes et sur le genre des courbes algébriques dont les coordonnées s'expriment comme fonctions uniformes d'un paramètre, M. Petrovitch montre comment on peut préciser *une limite supérieure du nombre des intégrales uniformes distinctes* d'une telle équation. Il indique la forme des équations admettant des intégrales uniformes transcendantes et signale aussi les relations algébriques existant alors entre telles intégrales non distinctes.

Ainsi, étant donnée une équation $F(x, y, y') = 0$, où F est un polynome en y, y', à coefficients fonctions algébriques de x, *pour qu'elle puisse admettre des intégrales uniformes transcendantes, il faut que* F *soit rationnel en* x. (Si cette condition n'est pas remplie, toute intégrale uniforme est rationnelle et l'on saura toujours la calculer.) Et alors :

1° Si l'équation $F = 0$ est à points critiques fixes, elle peut admettre *au plus trois intégrales uniformes distinctes*. En particulier, si l'équation est du genre zéro, elle se ramène algébriquement à une équation de Riccati et peut admettre 0, 1, 2 ou 3 intégrales uniformes distinctes, mais pas davantage. Si l'équation est du genre 1, il ne saurait jamais exister plus d'une telle intégrale; si elle est du genre plus grand que 1, toute intégrale uniforme est rationnelle.

2° Si l'équation est à points critiques mobiles, du genre zéro en (y, y'), et si elle n'est pas réductible à une équation de Riccati ou une équation linéaire du premier ordre, elle admet *au plus deux intégrales uniformes distinctes*.

En étudiant de plus près l'équation

$$y' = R(x, y), \tag{16}$$

où R est rationnel en x et y, M. Petrovitch arrive au théorème plus complet suivant :

L'équation (16) *ne peut admettre plus de trois intégrales uniformes distinctes.*

Si elle en admet trois, c'est une équation de Riccati.

Si elle en admet deux, c'est une équation de Riccati, ou linéaire, ou bien se ramène à la forme

$$y' = \frac{P(x, y)}{(y - \varphi)^m},$$

où P *est un polynome en* x *et* y *de degré* $m + 2$ *en* y, *et* φ *étant une fonction rationnelle en* x.

Si elle en admet une, elle se ramène soit à l'une des formes précédentes, soit à la forme

$$y' = \frac{P(x, y)}{(y - \varphi_1)^h (y - \varphi_2)^k},$$

où φ_1 et φ_2 sont rationnels en x, et P étant un polynome en x et y de degré $h+k+2$ en y [1].

Tout ceci reste aussi valable pour les équations où $F(x, y, y')=0$, où F est un polynome irréductible en x, y, y' et du genre zéro en y et y'.

Dans le cas de l'équation

(47) $$F(x, X, y, y')=0,$$

où F est un polynome de genre zéro en y et y', à coefficients rationnels en x et X, et où X désigne une fonction algébrique de x, toute intégrale uniforme est rationnelle; mais il peut y avoir des *intégrales transcendantes uniformes en x et X*. M. Petrovitch a établi qu'il *n'existe jamais plus de trois telles intégrales distinctes*; s'il en existe trois, l'équation est réductible à une équation de Riccati.

Les mêmes méthodes s'étendent aux équations (47) du genre 1 ou 2 en y et y', et en les appliquant à l'équation du premier ordre et du second degré, ainsi qu'à l'équation binome du premier ordre, M. Petrovitch arrive à préciser les types de telles équations pouvant admettre des intégrales uniformes en x, ou en (x, X).

Quant au problème de reconnaître si l'*intégrale générale* d'une équation algébrique du premier ordre est *rationnelle*, il se ramène, par la méthode de Poincaré, à des opérations algébriques, ou à une quadrature, ou à la question de reconnaître si l'intégrale générale d'une équation de Riccati est rationnelle, ce qu'on sait toujours reconnaître. Mais quand il s'agit des *intégrales particulières rationnelles*, le problème devient plus difficile et exige des méthodes spéciales. M. Painlevé en a donné une qui permet de déterminer sûrement toutes les intégrales rationnelles pour des classes étendues d'équations du premier ordre. M. Petrovitch indique les simplifications qu'introduit dans le problème la considération de son polygone. La méthode s'étend même au problème plus général des *intégrales*

---

[1] Le théorème de M. Petrovitch fait l'objet du Chapitre VIII, Section V (*Sur les transcendantes uniformes satisfaisant à une équation du premier ordre et du premier degré*) du Tome III du *Traité d'Analyse* de M. E. Picard (p. 356-359).

M. Malmquist (*Acta mathematica*, t. XXXVI) et M. Remoundos, l'ont étendu aux intégrales à un nombre fini de branches. M. Wallenberg en a fait une communication à la Berliner mathem. Gesellschaft (*Sitzung.* am 26 febr. 1902). Voir aussi une analyse de M. L. Autonne dans la *Revue générale des Sciences*, Paris, 1896, p. 105.

transcendantes méromorphes, en permettant de ramener leur calcul à celui, relativement plus facile, des intégrales holomorphes dans tout le plan.

34. Généralement, les méthodes pour l'étude directe des intégrales des équations algébriques du premier ordre ne s'appliquent pas aux *équations d'ordre supérieur*. C'est que, d'une part, pour telles équations, les singularités transcendantes varient avec les constantes d'intégration. D'autre part, dans le cas du premier ordre, toutes les déterminations de la dérivée y' sont des fonctions algébriques connues de y, pour lesquelles on peut trouver les systèmes circulaires de racines s'annulant avec y' et étudier la façon dont chacune de ses racines se comporte dans le voisinage de données initiales $x = x_0$ et $y = y_0$. Ceci, sauf des cas exceptionnels, ne subsiste pas pour les équations d'ordre supérieur. L'intégrale, ainsi que sa dérivée, peuvent devenir indéterminées pour les valeurs $x = x_0$ quelconques; l'intégrale peut aussi présenter des coupures variables avec les constantes d'intégration, ou encore des lignes singulières non analytiques, variables également avec ces constantes. Ces difficultés empêchent, comme dans bien d'autres circonstances, l'extension des méthodes qui ont réussi dans le cas des équations du premier ordre.

Néanmoins, les procédés de M. Petrovitch permettent une certaine extension dans l'un ou l'autre des cas suivants :

1° Lorsqu'on peut reconnaître sur l'équation différentielle elle-même (par exemple par la méthode de M. Painlevé) que les singularités transcendantes de l'intégrale ne varient pas avec les constantes d'intégration;

2° Lorsqu'on se borne à étudier les intégrales (particulières ou dépendant des constantes d'intégration) ayant les singularités essentielles données à l'avance, par exemple les *intégrales méromorphes*.

D'abord M. Petrovitch fait voir les simplifications que ses théorèmes sur les zéros et les infinis des intégrales, avec la considération de son polygone rattaché à l'équation, permettent d'apporter à l'étude des *intégrales uniformes* (particulières ou générales) de classes étendues d'équation d'un ordre quelconque. A l'aide de ces théorèmes et de quelques résultats connus de la théorie des fonctions, on peut réduire, pour des types généraux d'équations, l'étude des intégrales uniformes à l'étude analogue relative à des équations d'ordre inférieur, ou bien à l'étude des intégrales holomorphes d'autres équations. M. Petrovitch indique des types généraux d'équations d'un ordre quelconque pour lesquelles on peut affirmer que les transcendantes uniformes engendrées par leur intégration ne diffèrent pas des transcendantes aujourd'hui connues.

On appelle généralement *intégrale première* d'une équation différentielle $F(x, y, y', y'', \ldots) = 0$ une fonction Φ de la variable indépendante x, de l'intégrale y et de quelques-unes de ses dérivées, qui se réduit à une constante en vertu de l'équation $F = 0$ *quelle que soit l'intégrale particulière* y considérée, et c'est la valeur seule de cette constante qui varie avec cette intégrale particulière. M. Petrovitch montre la possibilité de former de telles intégrales premières *valables seulement pour les intégrales d'une certaine nature analytique*. A savoir, il y a des classes étendues d'équations d'un ordre quelconque où l'on peut conclure, par la considération du polygone de M. Petrovitch qui leur correspond et en vertu des propriétés générales des fonctions d'une certaine nature analytique, qu'une expression déterminée $\Phi(x, y, y', y'', \ldots)$ doive se réduire à une constante, à une fonction rationnelle ou algébrique en x, etc., non pas pour une intégrale *quelconque*, mais pour les intégrales *d'une nature donnée.* Ces intégrales sont, par exemple, les intégrales uniformes, méromorphes simplement ou doublement périodiques, les intégrales à n valeurs, etc., qu'elles soient intégrales particulières ou qu'elles dépendent de constantes d'intégration. Une fois ces intégrales premières connues, la recherche des intégrales de $F = 0$ se ramène à celle des solutions communes à deux équations différentielles données, et par suite à l'étude d'une équation d'un ordre moindre.

Le procédé permet, par exemple, de simplifier considérablement la recherche des conditions pour qu'un type donné d'équations d'un ordre quelconque admette d'*intégrales méromorphes doublement périodiques*, en conduisant à des intégrales premières relatives aux intégrales de telle nature. C'est ainsi qu'on reconnaît, sans aucune espèce de calcul, que l'équation

$$P(y'') = Q(y),$$

où P et Q sont des polynomes de degrés respectifs m et n, ne saurait admettre de telles intégrales que si n est de la forme $m + \frac{2m}{k}$, où k est un diviseur de $2m$. Elle en admettra effectivement par exemple si $m = 1$, $n = 2$ ou 3, les coefficients de P et de Q étant quelconques; ou encore si $m = 2$, $n = 4$ ou 6, les coefficients étant convenablement choisis. On reconnaît par le même procédé que l'existence des intégrales méromorphes doublement périodiques de l'équation

$$P[y^{(p)}] = Q(y)y'$$

exige qu'on ait $n = m - 1 + \frac{mp - 1}{k}$, où k est un diviseur de $mp - 1$; l'équation est effectivement intégrable par de telles fonctions, par exemple dans le cas où, les coefficients de P et de Q étant quelconques, on a $p = 3$, $m = 1$, $n = 2$ ou 3. Pour les équations

$$f(y, y') = 0,$$

la condition nécessaire de l'existence de telles intégrales est que son polygone ait au moins un côté à coefficient angulaire entier négatif et au moins un à coefficient angulaire entier positif, et qu'il n'y ait pas de côtés à coefficient angulaire fractionnaire.

En appliquant le procédé, à titre d'exemple, à l'équation

$$f(y, y', y'') = 0,$$

où f est un polynome homogène en y' et y'' à coefficients fonctions algébriques de y, M. Petrovitch donne la solution complète des problèmes :

1° Reconnaître si l'intégrale générale est rationnelle en x, ou bien uniforme et simplement ou doublement périodique;

2° Reconnaître si l'intégrale générale est une fonction algébrique en x;

3° Reconnaître si l'équation admet des intégrales particulières de cette nature;

4° Déterminer l'intégrale dans le cas où l'une des conditions 1°, 2°, 3° est remplie.

35. Il importe dans diverses recherches de savoir calculer les *résidus* des fonctions définies par les équations différentielles sans qu'on ait besoin ou moyen d'exprimer la fonction sous la forme explicite. En ce qu'il s'agit des équations du premier ordre, M. Petrovitch a montré

comment on peut calculer les résidus de ces fonctions relatifs aux pôles simples mobiles (dont l'existence se reconnaît directement sur l'équation donnée à l'aide du polygone de M. Petrovitch) et comment on peut reconnaître si ces résidus varient ou non avec la constante d'intégration. Les résultats obtenus fournissent un moyen efficace et commode pour calculer les valeurs que prend le long d'un contour donné C l'intégrale curviligne

$$\int_C f(z, C)\, dz,$$

où f est l'intégrale générale d'une équation du premier ordre à pôles simples mobiles. La règle de M. Petrovitch devient très utile quand on cherche, par exemple, les résidus des fonctions méromorphes doublement périodiques définies par l'équation différentielle du premier ordre à laquelle elles satisfont.

M. Petrovitch a étendu ses recherches sur les résidus de l'intégrale aux équations d'ordre supérieur. D'abord, le polygone rattaché à l'équation fournit des conditions *nécessaires* pour qu'une équation d'un ordre quelconque ait des pôles *mobiles* d'un ordre déterminé, ainsi que des conditions *suffisantes* pour que tous les pôles mobiles ne soient que des pôles *simples*. Ces conditions supposées remplies, les résidus de l'intégrale générale s'obtiennent comme racines d'une certaine équation algébrique rattachée au polygone de l'équation, et les conditions *nécessaires et suffisantes* pour que ces résidus ne varient pas avec la constante d'intégration, ou bien pour qu'ils soient fonctions *algébriques* des pôles mobiles, s'en découlent immédiatement.

Le procédé permet, entre autres applications, de mettre en évidence un fait remarquable relatif aux intégrales méromorphes de l'équation

$$F[y, y', y'', \ldots, y^{(p)}] = 0 \qquad (48)$$

d'un ordre quelconque : lorsque pour une transformée

$$Y = R[y, y', \ldots, y^{(q)}]$$

de l'équation (48), où R est une fonction rationnelle en $y, y', \ldots, y^{(q)}$, le polygone de (48) remplit certaines conditions faciles à vérifier, il existe une constante A telle que l'expression

$$G(z) = e^{\frac{1}{A}\int R[y, y', \ldots, y^{(q)}]\,dz}$$

après y avoir remplacé y par une intégrale méromorphe quelconque de (18) devienne une fonction *entière* de z. Ces fonctions $G(z)$ généralisent ainsi la fonction

$$Al(z) = e^{-k^2 \int y\,dz}$$

de Weierstrass, correspondant à l'équation

$$y''^2 - 4y'(1 - y')(1 - k^2 y') = 0,$$

ainsi que la fonction

$$G(z) = e^{\int R\,dz}$$

signalée par M. Picard (¹) et correspondant à l'équation

$$P(y, y')y'' + Q(y, y') = 0$$

(où P et Q sont polynomes en y et y') lorsque son intégrale générale est uniforme, R étant un polynome en y à coefficients constants convenablement choisis.

36. On sait que les fonctions *uniformes* engendrées par les équations différentielles algébriques du premier ordre comme leurs intégrales générales ou particulières, ne sont pas très variées, c'est-à-dire que leurs éléments de réduction sont peu nombreux. Ces éléments ou bien coïncident avec les fonctions élémentaires, ou bien s'en déduisent par des quadratures, ou bien coïncident avec des transcendantes engendrées par une équation de Riccati.

Il n'en est pas de même lorsqu'en donnant à la variable d'intégration une valeur constante, on considère l'intégrale *comme fonction de paramètres* α_i figurant dans les coefficients de l'équation. Des transcendantes qu'il est impossible d'obtenir par l'intégration d'une équation différentielle algébrique quel que soit son ordre, s'engendrent par des équations très simples quand on considère l'intégrale comme

---

(¹) E. Picard, *Théorie des fonctions algébriques de deux variables* (*Journal de Mathématiques pures et appliquées*, 1889, p. 283-287).

fonctions des paramètres. C'est ainsi que la fonction $\Gamma(z)$, la transcendante de M. Fredholm, la fonction $\zeta(z)$ d'Hermite, les fonctions modulaires, etc. s'engendrent par des équations du premier ordre dans lesquelles, en fait de transcendantes, ne figurent explicitement que les fonctions exponentielles.

M. Petrovitch met en évidence la grande variété des transcendantes engendrées de cette manière par les équations différentielles algébriques du premier ordre.

D'abord, une telle transcendante $y(\alpha, C)$, correspondant à une valeur particulière $x = a$, dépend ou non de la constante d'intégration C. M. Petrovitch indique les conditions *nécessaires et suffisantes* de cette dépendance. Dans le cas où $y(\alpha, C)$ ne dépend pas de C, elle sera une combinaison *algébrique* de coefficients de l'équation après y avoir posé $x = \alpha$. *Des transcendantes nouvelles ne peuvent donc pas être engendrées que dans les cas où $y(\alpha, C)$ dépend de* C.

Le seul cas d'équations algébriques du premier ordre, dont l'intégrale générale a *toutes ses singularités fixes* et pouvant engendrer des transcendantes nouvelles, est celui des *équations du genre zéro.* Une transformation

$$y = R(x, R, \alpha_1, \alpha_2, \dots) \tag{49}$$

(où Y est la nouvelle fonction inconnue, R une fonction rationnelle en Y) ramène dans ce cas l'équation donnée à une équation linéaire du premier ordre à coefficients fonctions algébriques de coefficients de l'équation elle-même. On se rendra compte de la variété des fonctions transcendantes et hypertranscendantes ainsi engendrées en remarquant, par exemple, que la valeur asymptotique de l'intégrale générale de l'équation linéaire

$$y' - 2axy + R(\alpha, e^{-bx^2}) = 0$$

(a et b étant des constantes positives et R fonction rationnelle en e^{bx^2}) s'exprime linéairement à l'aide de la transcendante irréductible

$$\theta(\alpha) = \sum_{n=0}^{n=\infty} \frac{\alpha^n}{\sqrt{a + bn}} \tag{50}$$

et d'un nombre limité de ses dérivées par rapport à α; que pour la valeur asymptotique de y définie par l'équation

$$y' - \frac{y}{x} + R(x, e^{-x}) = 0,$$

le rôle d'élément de réduction est joué par la transcendante irréductible

$$(51) \qquad \theta(x) = \sum_{n=0}^{n=\infty} \log(n+1)x^n, \qquad \ldots$$

Lorsque l'équation est *à points critiques fixes* (les pôles pouvant être mobiles), le seul cas pouvant engendrer des transcendantes nouvelles est celui des *équations du genre zéro ou un*. Dans le cas du *genre zéro*, une transformation (49) ramène l'équation donnée à une équation de Riccati à coefficients fonctions algébriques des coefficients de l'équation elle-même; les transcendantes $y(\alpha, C)$ engendrées par une telle équation sont effectivement nombreuses et variées. Dans le cas du *genre un*, la fonction $y(\alpha, C)$ s'exprime algébriquement à l'aide des coefficients de l'équation et de la fonction $\mathrm{sn}[\theta(\alpha)]$, où $\theta(\alpha)$ est l'une des transcendantes engendrées par une quadrature portant sur une combinaison algébrique des coefficients de l'équation et pouvant, par exemple, être la transcendante (50) ou (51), ou bien la fonction $\Gamma(\alpha)$, etc.

II. — Étude directe des intégrales réelles.

(Mémoires et Notes nos 6, 8, 16, 32, 41, 69, 78, 79, 101, 103.)

37. Dans un de ses premiers travaux, M. Petrovitch s'occupe des valeurs réelles $x = x_0$ de la variable indépendante x pour lesquelles les intégrales *réelles* d'une équation algébrique du premier ordre prennent une valeur $y = y_0$ donnée à l'avance.

On peut supposer, sans restreindre le problème, que cette valeur fixe $y = y_0$ soit égale à zéro. Le polygone de M. Petrovitch, rattaché à l'équation, indique alors si les valeurs $x = x_0$ varient ou non avec la constante d'intégration et permet de calculer les ordres des $x = x_0$ *mobiles* comme zéros de l'intégrale. En combinant les règles sur les zéros auxquelles conduit la considération du polygone, avec les règles élémentaires de la théorie des équations algébriques, M. Petrovitch arrive à divers résultats concernant *les zéros et les pôles mobiles* des intégrales uniformes réelles compris dans un intervalle donné (a, b).

Ainsi, en écrivant l'équation sous la forme

$$\sum_{i=0}^{i=\mu} f_i(x, y)\, y'^{\mu-i} = 0,$$

si pour les valeurs de x comprises entre a et b toutes les fonctions $f_i(x, 0)$ non nulles et dont les indices i sont d'une même parité, ont constamment un même signe et $f_\mu(x, 0) \neq 0$, deux zéros consécutifs d'une intégrale particulière quelconque, réelle et uniforme dans l'intervalle (a, b), *comprennent au moins un pôle de la même intégrale;* une intégrale holomorphe dans cet intervalle *ne peut s'annuler plus d'une fois dans cet intervalle.*

Lorsque le polygone de l'équation n'a aucun côté à coefficient angulaire égal à un nombre entier positif, les pôles a_1, a_2, a_3, ... de toute intégrale particulière uniforme sont *fixes* et connus à l'avance. Si l'on suppose alors les conditions précédentes remplies, en désignant par k le nombre de valeurs a_i compris entre a et b, une intégrale réelle uniforme quelconque *ne peut s'annuler plus de $k+1$ fois dans l'intervalle* (a, b).

Les mêmes remarques s'appliquent aussi aux valeurs réelles de x, qui rendent les intégrales réelles uniformes maximum ou minimum, ainsi qu'à leurs points d'inflexion, leurs directions asymptotiques, etc.

On arrive aussi, pour de nombreuses classes d'équations du premier ordre, à des conditions suffisantes pour que les zéros et les pôles d'une intégrale réelle et méromorphe, dans un intervalle donné, *se séparent mutuellement dans cet intervalle à la manière de* tang x. M. Petrovitch pousse à fond cette étude pour l'équation de Riccati et arrive à des règles précisant la distribution des zéros et des infinis réels des intégrales réelles dans un intervalle donné de x.

Les propositions de Sturm sur les zéros de l'équation linéaire du second ordre sans second membre facilitent considérablement une telle étude pour l'équation de Riccati. M. Petrovitch a étendu ces propositions à des classes très générales *d'équations différentielles de tous les ordres et à des systèmes d'équations simultanées.* Ainsi, étant donné un système d'équations différentielles (E) d'un ordre quelconque, définissant n variables $y_1, y_2, \ldots, y_n$ comme fonctions d'une variable indépendante de x, il arrive qu'une combinaison déterminée Φ, dépendant de x, des y_k et de leurs dérivées, égale en vertu des équations (E) même à l'une des expressions

$$\Delta(y_k) = \frac{1}{y_k}\frac{d^2 y_k}{dx}$$

soit pour les valeurs de x comprises dans un intervalle (a, b) :

1° Ou bien *supérieurement limitée* par une fonction connue $\mu(x)$ en ce sens que, la valeur de la fonction Φ reste inférieure à $\mu(x)$ pour toutes valeurs réelles de $y_1, y_2, \ldots, y_n$;

2° Ou bien *inférieurement limitée* par une fonction connue $\lambda(x)$ (ne s'annulant pas dans l'intervalle a, b) en ce sens que, la valeur de Φ reste supérieure à $\lambda(x)$ pour toutes les valeurs réelles y_1, $y_2, \ldots, y_n$;

3° Ou bien 1° et 2° à la fois.

Dans le cas 2°, en désignant par u une intégrale quelconque de l'équation

$$u'' - \lambda(x)u = 0$$

et y_k étant une intégrale réelle, finie et continue dans l'intervalle (a, b), ainsi que toutes ses dérivées : *deux zéros simples consécutifs de u compris dans (a, b) comprennent au plus un zéro de y_k; deux zéros simples de y_k comprennent au moins un zéro de u; lorsque y_k et u ont un zéro commun $x = \beta$, la variable x, en croissant à partir de α, atteindra d'abord un zéro de u et ensuite un zéro de y_k.*

Dans le cas 1°, en désignant par v une intégrale quelconque de l'équation

$$v'' - \mu(x)v = 0,$$

deux zéros simples de v, compris dans (a, b), comprennent au moins un zéro de y_k; deux zéros simples consécutifs de y comprennent au plus un zéro de v; lorsque y_k et v ont un zéro commun $x = \alpha$, la variable x, en croissant à partir de α, atteindra d'abord un zéro de y_k et ensuite un zéro de v.

Dans le cas 3°, on a les deux résultats 1° et 2° à la fois.

En prenant pour fonctions de comparaison u et v diverses fonctions dont on connaît, d'une part la manière dont varient $\Delta(u)$ ou $\Delta(v)$, et d'autre part la répartition des zéros dans un intervalle donné (a, b), M. Petrovitch signale les rapports entre les particularités de la fonction Φ correspondant à une intégrale y_k d'un système (E) supposée réelle, finie et continue dans (a, b), ainsi que la fréquence d'oscillations de y_k autour de l'axe Ox. On a, par exemple, les règles suivantes :

1° Si Φ est inférieurement limitée par une fonction constamment positive dans l'intervalle (a, b), *l'intégrale y_k ne change de signe plus d'une fois dans cet intervalle.*

2° Si Φ est supérieurement limitée par une fonction constamment négative dans (a, b), où elle a $-N$ comme une limite supérieure, *l'intégrale y_k change de signe, dans cet intervalle, au moins autant de fois qu'il y a d'unités entières dans*

$$\frac{(b-a)\sqrt{N}}{\pi}.$$

3° Si Φ est inférieurement limitée par une fonction constamment négative dans (a, b), où elle a $-M$ comme une limite inférieure, *l'intégrale y_k change de signe, dans cet intervalle, au plus autant de fois qu'il y a d'unités entières dans*

$$\frac{(b-a)\sqrt{M}}{\pi}+2.$$

4° Les constantes positives C et D étant choisies de manière que dans (a, b) Φ soit supérieurement limitée par la fonction

$$\frac{C-Dx^{2m}}{x^2}, \tag{52}$$

négative dans (a, b), *l'intégrale y_k change de signe, dans cet intervalle, au moins autant de fois qu'il y a d'unités entières dans*

$$\frac{b^m-a^m}{2\pi}p, \tag{53}$$

où

$$m=\sqrt{1+4C}, \qquad p=\sqrt{\frac{D}{1+4C}}.$$

De même, les constantes positives C et D étant choisies de manière que dans (a, b) Φ soit inférieurement limitée par la fonction (52), négative dans (a, b), *l'intégrale* y_k *change de signe, dans cet intervalle, au plus autant de fois qu'il y a d'unités entières dans* (53) *plus* 2.

5° Les constantes positives A et B étant choisies de manière que dans (a, b) Φ soit supérieurement limitée par la fonction

$$(54) \qquad A - B e^{x\sqrt{A}},$$

négative dans (a, b) y_k *change de signe dans cet intervalle au moins autant de fois qu'il y a d'unités entières dans*

$$(55) \qquad \frac{1}{2\pi}\left(e^{2b\sqrt{A}} - e^{2a\sqrt{A}}\right)\sqrt{\frac{B}{A}}.$$

De même : les constantes positives A et B étant choisies de manière que, dans (a, b), Φ soit inférieurement limitée par la fonction (54) négative dans (a, b), y_k *change de signe au plus autant de fois qu'il y a d'unités entières dans* (55) *plus* 2.

6° Les constantes positives A et A' étant choisies de manière que, dans (a, b), on ait constamment

$$-\frac{A'}{x^2} \leqq \Phi \leqq \frac{A}{x^2},$$

le nombre de changements de signe de y dans (a, b) est compris entre les deux nombres

$$\frac{\sqrt{4A-1}}{2\pi}\log\frac{b}{a} \quad \text{et} \quad 2 + \frac{\sqrt{4A'-1}}{2\pi}\log\frac{b}{a}.$$

M. Petrovitch met ainsi en évidence le *caractère oscillant* des intégrales réelles, finies et continues de nombreuses classes d'équations de tout ordre.

Les règles s'appliquent, par exemple, à l'équation du premier ordre

$$f(x, y, y') = 0$$

toutes les fois que l'expression

$$\Phi = \frac{1}{y}\left(\frac{\partial f}{\partial x} + f\frac{\partial f}{\partial y}\right)$$

est supérieurement ou inférieurement limitée par une fonction λ ou μ.

Appliquées à l'équation du second ordre

$$y'' + fy + \varphi y^3 = 0,$$

où f et φ sont des fonctions positives de x, les règles mettent en évidence le caractère oscillant des intégrales et fournissent des limites inférieures du nombre d'oscillations dans un intervalle de x donné : l'expression correspondante Φ est supérieurement limitée par la fonction constamment négative $-f(x)$. Les conclusions sont directement vérifiées sur le cas particulier de l'équation

$$y'' + Ay + By^3 = 0$$

(où A et B sont des constantes positives) s'intégrant par les fonctions elliptiques.

Dans le cas du système

$$\frac{dy_1}{dx} = my_2y_3, \qquad \frac{dy_2}{dx} = ny_1y_3, \qquad \frac{dy_3}{dx} = py_1y_2,$$

qu'on rencontre dans le problème du mouvement d'un corps solide et qui s'intègre par des fonctions elliptiques, on aura

$$\Delta(y_1) = m(py_2^2 + ny_3^2),$$

de sorte que les règles s'appliquent toutes les fois que p et n sont du même signe ; en effet, $\Delta(y_1)$ ne saurait s'annuler pour une valeur $x = \alpha$ que si, pour cette valeur de x, on avait à la fois $y_2 = 0$, $y_3 = 0$, dans quel cas toutes les dérivées successives de y_1 seraient nulles pour $x = \alpha$.

Dans le cas de problèmes de la Dynamique, il arrive que l'équation des forces vives fournit des conditions d'inégalités, en vertu desquelles l'une ou plusieurs coordonnées q_i ont leur $\Delta(q_i)$ inférieurement ou supérieurement limitée, de sorte que le caractère oscillant de q_i apparaît directement sur les équations elles-mêmes du problème.

Remarquons aussi que les règles de M. Petrovitch, appliquées à l'équation linéaire du second ordre, fournissent généralement des limites inférieures ou supérieures du nombre d'oscillations *plus précises* que celles auxquelles conduit la règle de Sturm.

38. M. Petrovitch s'est occupé, dans plusieurs Notes et Mémoires, du problème de l'*encadrement de l'intégrale* dans un intervalle donné (a, b) de la variable indépendante x, consistant dans la *recherche des courbes limites entre lesquelles l'intégrale se trouve constamment comprise lorsque x varie dans (a, b).*

En ce qu'il s'agit des équations du premier ordre, il établit la méthode générale suivante :

On peut mettre l'équation donnée, et cela de diverses manières, sous la forme

$$y' = F(x, y, f), \tag{56}$$

où f est un coefficient en x figurant dans F, sur lequel on portera particulièrement l'attention. Soit (x_0, y_0) le point initial de l'intégrale pour lequel la fonction F et sa dérivée partielle $\frac{\partial F}{\partial f}$ soient déterminées, finies, continues, ne changeant pas de détermination, et pour lequel cette dérivée partielle ne s'annule pas (les points ne remplissant pas ces conditions appartiennent à certaines courbes fixes dans le plan xOy que l'on connaîtra d'avance, ou bien sont isolés et fixes).

On peut choisir, et cela d'une infinité de manières, deux fonctions $\varphi(x)$ et $\psi(x)$ satisfaisant aux conditions suivantes :

1° Que ces fonctions soient déterminées, finies et continues dans un intervalle suffisamment petit, mais non nul, de $x = x_0 - a_1$ à $x = x_0 + a_2$ (a_1 et a_2 étant deux constantes positives);

2° Qu'on ait dans cet intervalle

$$\varphi < f < \psi; \tag{57}$$

3° Qu'en désignant par u et v les intégrales respectives des équations

$$\frac{du}{dx} = F(x, u, \varphi), \qquad \frac{dv}{dx} = F(x, v, \psi) \tag{58}$$

prenant pour $x = x_0$ la valeur commune $u_0 = v_0 = y_0$, les fonctions u et v soient déterminées, finies et continues dans un intervalle suffisamment petit, mais non nul, de $x = x_0 - b_1$ à $x = x_0 + b_2$ (b_1 et b_2 étant deux constantes positives).

Les deux intervalles $(x_0 - a_1, x_0 + a_2)$ et $(x_0 - b_1, x_0 + b_2)$, comprenant la valeur x_0, ont toujours une partie commune $(x_0 - h_1, x_0 + h_2)$ *d'étendue non nulle* pour laquelle M. Petrovitch démontre son *théorème de la moyenne* pour les équations différentielles du premier ordre :

Pour toute valeur de x, comprise dans l'intervalle $(x_0 - h_1, x_0 + h_2)$, l'intégrale y de l'équation (56), *prenant pour $x = x_0$ la valeur $y = y_0$, est déterminée, finie, continue et comprise entre les valeurs correspondantes des intégrales u et v des équations* (58) *qui, pour $x = x_0$, prennent la valeur $u_0 = v_0 = y_0$.*

Ce qu'il importe de faire remarquer, c'est qu'*à toute équation différentielle du premier ordre et à chaque couple (x_0, y_0) de valeurs initiales* (en mettant à part les couples exceptionnels appartenant à certaines courbes fixes dans le plan xOy, que l'on connaîtra à l'avance) correspond un tel intervalle $(x_0 - h_1, x_0 + h_2)$ dont l'étendue, plus ou moins grande suivant le cas considéré, *n'est jamais nulle* [1].

On peut en faire des applications analogues à celui du théorème classique de la moyenne, relatif aux intégrales définies. On cherchera pour le type donné d'équations, écrit sous la forme (56), deux fonctions φ et ψ qui, dans le voisinage de $x = x_0$, comprennent la fonction $f(x)$, en diffèrent le moins possible et sont telles que les deux équations (58) qui leur correspondent soient intégrables. On remplacera, par exemple, l'arc considéré de $f(x)$ par des droites, arcs de paraboles, etc. qui le comprennent, et les intégrales u et v des équations (58) ainsi obtenues représenteront des limites entre lesquelles variera l'intégrale y lorsque x varie dans l'intervalle $(x_0 - h_1, x_0 + h_2)$.

M. Petrovitch applique sa méthode aux équations

$$y' = y^2 + f(x), \qquad y'^2 + y^2 = f(x), \qquad y'^2 - y^2 = f(x), \qquad \ldots$$

et trouve par exemple, pour la première équation, les limites u et v sous la forme d'une combinaison rationnelle de la fonction

---

[1] Les résultats de M. Petrovitch ont été utilisés par M. E. Cotton dans son Mémoire : *Sur l'intégration approchée des équations différentielles* (*Acta mathematica*, t. XXXII, 1908).

tang $p(x - x_0)$ ou bien de $e^{p(x-x_0)}$, suivant que $f(x)$ est positif ou négatif dans l'intervalle considéré.

En l'appliquant à l'équation plus générale

$$y' = F(y, f),$$

où f est une fonction donnée de x, il énonce plusieurs résultats concernant les limites supérieures ou inférieures de l'intégrale, les valeurs de x pour lesquelles l'intégrale prend, dans un intervalle de x donné, une valeur a donnée à l'avance; les valeurs asymptotiques de l'intégrale, etc. Par exemple, pour l'équation différentielle

$$[1 - e^{kx^2}(\alpha + \beta e^{py^2})]y' - e^{rx^2} = 0$$

(où α, β, k, p, r et $1 - \alpha - \beta$ sont des constantes négatives), les valeurs asymptotiques de l'intégrale pour $x = +\infty$ et $x = -\infty$ sont finies et déterminées : en désignant par a la valeur de y pour $x = 0$, et par $\theta(z)$ la transcendante

$$\theta(z) = \sum_{n=0}^{n=\infty} \frac{z^n}{\sqrt{r + kn}},$$

la valeur asymptotique pour $x = +\infty$ est comprise entre

$$a + \frac{\sqrt{\pi}}{2}\theta(\alpha) \quad \text{et} \quad a + \frac{\sqrt{\pi}}{2}\theta(\alpha + \beta).$$

Dans le cas de l'équation de Riccati

$$y' = \varphi_1 y^2 + \varphi_2 y + \varphi_3,$$

M. Petrovitch indique encore un autre procédé d'encadrement de l'intégrale, basé sur la remarque suivante :

Écrivons l'équation sous la forme

$$(59) \qquad y' = \varphi(y - f_1)(y - f_2)$$

et supposons que les trois fonctions φ, f_1, f_2 de x soient positives dans l'intervalle de $x = 0$ à $x = \alpha$, les fonctions f_1 et f_2 n'étant pas décroissantes dans cet intervalle et les deux courbes $y = f_1$ et $y = f_2$ n'étant pas tangentes toutes les deux à la fois à l'axe des x à l'origine. Supposons encore, pour fixer les idées, qu'on ait $f_1 < f_2$ dans cet intervalle. Soient

$$(60)\qquad Y_1' = \varphi(Y_1 - F_1)(Y_1 - F_2),$$

$$(61)\qquad Y_2' = \varphi(Y_2 - \Phi_1)(Y_2 - \Phi_2),$$

deux équations qu'on sait intégrer et telles que, dans l'intervalle $(0, \alpha)$, on ait constamment

$$F_1 \leqq f_1, \qquad F_2 \leqq f_2,$$
$$\Phi_1 \geqq f_1, \qquad \Phi_2 \geqq f_2.$$

Dans l'intervalle de $x = 0$ à $x = \alpha$, on aura constamment

$$Y_1 < y < Y_2,$$

Y_1, Y_2, y désignant les intégrales respectives des équations (59), (60), (61) s'annulant pour $x = 0$.

En prenant pour les termes de comparaison

$$y = F_1, \qquad y = F_2, \qquad y = \Phi_1, \qquad y = \Phi_2$$

des portions de droites, de paraboles de divers degrés, etc., encadrant les courbes $y = f_1$ et $y = f_2$, M. Petrovitch précise diverses courbes encadrant l'intégrale y de l'équation (59).

Le même procédé s'applique aux équations

$$y' = \varphi(f_1 - y)(f_2 - y)\ldots(f_n - y)$$

lorsque les f_i sont des fonctions de x positives non décroissantes dans l'intervalle $(0, \alpha)$, et φ étant une fonction de x positive dans cet intervalle.

Enfin, M. Petrovitch applique le même procédé de comparaison à l'équation linéaire du second ordre

$$(62)\qquad y'' + f(x)y' + \varphi(x)y = 0,$$

où le rôle des fonctions f_1 et f_2 est joué par les deux racines en r de l'équation du second degré

$$(63)\qquad r^2 + f(x)r + \varphi(x) = 0.$$

La remarque suivante, combinée avec le procédé précédent, fournit diverses règles concernant les courbes limites entre lesquelles varie l'intégrale y de (62) : toutes les fois qu'on sait intégrer une équation

$$v'' + \varpi(x)v = 0,$$

on peut en déduire une autre équation linéaire du second ordre sans second membre pour laquelle les racines de l'équation quadratique (63) auront leur différence constante et que l'on saura intégrer: *cette nouvelle équation fournit les éléments de comparaison dans le procédé précédent.*

39. Un procédé d'encadrement des intégrales d'équations de tous les ordres, pratique et commode dans les applications, est fourni par la double inégalité algébrique que M. Petrovitch utilise dans divers problèmes d'Analyse, de Géométrie et de Mécanique et qui a été exposé dans la première Partie de cet Ouvrage.

Ainsi, le fait que les x_i étant tous positifs ou nuls, la valeur du rapport

$$\frac{(x_1+\ldots+x_n)^p}{x_1^p+\ldots+x_n^p} \qquad (p \text{ réel})$$

est toujours comprise entre 1 et n^{p-1} (ces limites pouvant être atteintes), conduit à un procédé pour mettre l'intégrale de diverses classes d'équations différentielles sous la forme

$$y=\varphi_1(x)+\theta\varphi_2(x),$$

où les fonctions φ_1 et φ_2 seront connues, et θ étant un facteur dont la valeur est comprise entre deux *valeurs numériques fixes*, ces limites étant *les plus resserrées possibles*, car elles peuvent être effectivement atteintes.

Appliqué, par exemple, à l'équation du premier ordre

$$s=f(x, y),$$

à laquelle se ramène le problème général de déterminer les courbes planes dont l'arc s est une fonction donnée des coordonnées x, y, le procédé conduit à la possibilité d'écrire, sans l'intégration, l'équation des branches y réelles et croissantes dans l'intervalle considéré, sous la forme

$$f(x, y)-\theta[x-y-(x_0-y_0)]=0,$$

et l'équation des branches décroissantes sous la forme

$$f(x, y)-\theta[x+y-(x_0-y_0)]=0,$$

où θ est un facteur toujours compris entre $\frac{1}{\sqrt{2}}=0,7071\ldots$ et 1, et (x_0, y_0) étant le point initial.

Étant donnée l'équation

$$y'^2 + y^2 = f(x),$$

considérons les intégrales réelles passant par un point initial

$$M_0(x_0, y_0)$$

situé (pour fixer les idées) au-dessus de l'axe des x dans la région D comprise entre l'axe des x et la courbe $y = \varphi(x)$, où $\varphi(x)$ désigne la détermination positive de $\sqrt{f(x)}$ supposée finie et continue dans un intervalle de $x = x_0$ à $x = x_1$ compris dans cette région (hors la région D il n'y a pas d'intégrales réelles). Par le point M_0 passent deux intégrales réelles, l'une croissante et une décroissante; elles peuvent être représentées par l'équation

$$y = y_0 e^{-(x-x_0)} \pm \theta e^{-x} \int_{x_0}^{x} e^x \varphi(x)\, dx,$$

où θ est un facteur compris entre 1 et $\sqrt{2} = 1{,}4142\ldots$

Le procédé s'applique également aux équations aux dérivées partielles. Ainsi, étant donnée l'équation

$$\left(\frac{\partial V}{\partial x_1}\right)^2 + \ldots + \left(\frac{\partial V}{\partial x_n}\right)^2 = f(x_1, x_2, \ldots, x_n),$$

dans tout domaine de l'espace $(x_1, x_2, \ldots, x_n)$ dans lequel l'intégrale V est réelle et où chacune des dérivées $\frac{\partial V}{\partial x_i}$ garde un signe invariable, l'intégrale se laisse mettre, par le procédé de M. Petrovitch, sous la forme

$$V = F + \theta\Phi,$$

où F *et* Φ *sont des fonctions de* $x_1, x_2, \ldots, x_n$ *de forme connue et où* Θ *est un facteur compris entre* 1 *et* $\sqrt{n}$.

III. — Réduction des équations différentielles.

(Notes nos 10, 121.)

10. M. Petrovitch a donné un procédé pour ramener l'équation

$$(64) \qquad \varphi(x)y'^2 + \psi(x)yy' + \chi(x)y^2 + f(x) = 0$$

à la forme canonique

$$y' = F(t) + y^3. \tag{65}$$

La même équation se ramène, par un changement de variables indiqué par M. Petrovitch, à l'équation

$$y'^2 + y^2 = \Phi(t), \tag{66}$$

qui se rencontre dans plusieurs problèmes importants de Mécanique et de Géométrie supérieure.

L'équation (65) a été l'objet de travaux de M. Roger Liouville [1] qui l'a considéré sous plusieurs points de vue et a donné plusieurs cas d'intégration, et de M. Appell [2] qui en a fait une étude approfondie. Ces résultats deviennent ainsi applicables à l'équation (64) et (66); on peut, par exemple, établir une théorie des invariants de ces équations, etc.

M. V. Heymann [3] a depuis indiqué un autre procédé pour ramener l'équation (64) à la forme (65).

41. Étant donnée l'équation linéaire avec second membre

$$f_0 \frac{d^n y}{dx^n} + f_1 \frac{d^{n-1} y}{dx^{n-1}} + \ldots + f_{n-1} \frac{dy}{dx} + f_n y = F(x)$$

écrite sous la forme abrégée

$$\Delta[x, y] = F(x), \tag{67}$$

on sait qu'il est possible de former une intégrale *particulière* de (67) à l'aide de l'intégrale *générale* de l'équation

$$A[x, y] = 0$$

par des quadratures où les limites de l'intégrale dépendent de la variable x. La méthode de Lagrange fournit une telle intégrale à l'aide de n quadratures, tandis que la méthode de Cauchy l'exprime par une seule quadrature.

---

(1) *Comptes rendus de l'Académie des Sciences*, 6 septembre 1886 et 12 septembre 1887.

(2) *Journal de Mathématiques pures et appliquées*, 4e série, t. V, 1889.

(3) *Journal für die reine und angew. Mathematik*, Bd. 119, Heft III, 1898.

M. Petrovitch signale le fait suivant :

Il existe des fonctions spéciales $\lambda(x, \alpha)$ *de la variable* x *et d'un paramètre variable* α, *lesquelles restent les mêmes pour toutes les équations* (67) *et jouissent de la propriété qu'il est possible de former une intégrale particulière de* (67) *à l'aide d'une intégrale particulière de l'équation*

$$\Delta[x, y] = \lambda(x, \alpha)$$

quel que soit le second membre de l'équation (67).

Parmi les $\lambda(x, \alpha)$ jouissant de cette propriété se trouvent, par exemple, les fonctions

$$\log(1 - 2\alpha x + x^2), \qquad \frac{1}{1 - 2\alpha x + x^2}, \qquad \frac{x}{1 - 2\alpha x + x^2}.$$

La détermination d'une intégrale particulière de (67), où $F(x)$ est une fonction quelconque de x ayant $x = 0$ comme point ordinaire et réelle pour x réel, se ramène à la détermination d'une intégrale particulière de chacune des deux équations obtenues en remplaçant dans (67) $F(x)$ une fois par zéro, et une fois, par exemple, par $\log(1 - 2\alpha x + x^2)$. L'intégrale de (67) est fournie sous la forme d'une intégrale définie dont les limites sont des constantes absolues, indépendantes de la forme de l'équation (67).

IV. — Une classe d'invariants des courbes intégrales.

(Note n° 94.)

42. Étant donnée l'équation

$$(68) \qquad f(x, y, y', y'', \ldots) = 0$$

il peut y exister des expressions Ω en termes différentiels ou intégrales, en x et y, lesquelles, en vertu de l'équation (68) lorsqu'on passe d'un point M_1 à un autre point M_2 du plan (x, y), en suivant une courbe intégrale de (68), ne varient qu'avec la position de ces points et ne dépendent guère de cette courbe intégrale.

L'expression Ω est une sorte d'*invariant* pour l'équation (68), par rapport aux intégrales particulieres de celle-ci. Il est, d'ailleurs, manifeste que l'existence d'un invariant Ω entraîne celle d'une infinité d'autres.

De pareils invariants présentent un intérêt tout particulier lorsqu'ils représentent des facteurs géométriques déterminés. On peut alors déterminer la grandeur d'un tel facteur sans qu'on ait besoin d'intégrer l'équation (68); on peut ainsi mettre en évidence diverses propriétés géométriques des courbes intégrales, etc.

M. Petrovitch signale des cas simples où l'on peut mettre en évidence de tels invariants. Dans le cas, par exemple, où l'équation (68) se laisse mettre sous la forme

$$\Phi + \eta(x, y)y' + \xi(x, y) = 0,$$

où Φ est une expression en termes, différentiels ou intégrales de x, y, y', y'', ... les deux fonctions η et ξ ne dépendant que de x et y et satisfaisant à la condition

$$\frac{\partial \xi}{\partial y} = \frac{\partial \eta}{\partial x},$$

l'expression

$$\int_{x_0}^{x} \Phi\, dx$$

représentera un invariant Ω rattaché à l'équation (68).

Pour l'équation de Riccati

$$y' + y^2 = f(x),$$

un tel invariant est le volume de la surface de révolution engendrée par la rotation de la courbe intégrale autour de l'axe des x.

Pour l'équation

$$y'^2 + y^2 = f(x),$$

c'est la longueur de l'arc de la courbe intégrale, considéré comme fonction des coordonnées polaires $x = \theta$, $y = \rho$.

Toute équation du premier ordre

$$f(x, y, y') = 0$$

admet comme invariant Ω l'aire limitée par l'axe des x, l'arc de la courbe $\tau = \varphi(x)$ représentant la loi de variation de la courbure de la courbe intégrale avec x, et les deux ordonnées aux extrémités de cet arc.

V. — Intégration mécanique.

(Mémoires et Notes n°s 8, 23, 25, 28, 35, 36, 93.)

43. Les intégrales et les appareils pour l'intégration mécanique des équations différentielles, proposés jusqu'aujourd'hui, sont fondés sur l'emploi de principes cinématiques, par exemple sur les propriétés des roulettes.

M. Petrovitch effectue l'intégration à l'aide des principes d'une nature tout à fait différente, faciles à réaliser pratiquement, conduisant à des appareils simples et pouvant intégrer des types généraux d'équations du premier ordre.

Si l'on fait immerger un corps solide M plus ou moins profondément dans le liquide contenu dans un vase B, le niveau du liquide montera ou s'abaissera d'après une certaine loi dépendant de la forme géométrique du corps M et du vase B. Ces formes une fois fixées, la variation de la hauteur du niveau y, comptée à partir d'un plan horizontal fixe, ne dépendra que de la variation de la profondeur d'immersion x.

La relation entre x et y se traduit par une équation différentielle du premier ordre, dans laquelle les variables se laissent séparer. L'appareil construit suivant ce principe par M. Petrovitch permet ainsi d'intégrer toute équation de la forme

$$f(x)\,dx + \varphi(y)\,dy = 0;$$

la courbe intégrale est directement tracée sur un cylindre tournant, par un crayon mobile enregistrant les variations de la hauteur du niveau du liquide. Les fonctions $f(x)$ et $\varphi(x)$ changent à l'infini avec la forme du corps M et du vase B (¹).

(¹) M. W.-A. Price a décrit l'appareil dans son article : *Petrovitch's Apparatus for integrating differential equations of the first order* (*Philosophical Magazine*, may 1900); il y ajoute des nouveaux cas d'intégrabilité par ce procédé. — La Note de M. Petrovitch est reproduite dans le *Journal de Physique*, 1897, p. 476-479. Son procédé se trouve aussi exposé incomplètement dans les Ouvrages : L. Jacob, *Le Calcul mécanique* (*Encyclopédie scientifique*, p. 342-357; Paris, O. Doin) et H. de Moris, *Les appareils d'intégration* (*Bibliothèque générale des Sciences*, p. 6-194; Paris, Gauthier-Villars), etc. Voir les remarques de l'auteur dans la *Revue générale des Sciences*, numéro du 30 juin 1913, p. 475. — L'appareil a été exposé à Londres en 1907, où il a eu le diplôme d'honneur.

44. M. L. Kléritch (¹) a construit un appareil d'une extrême simplicité, appelé *tractoriographe*, parce qu'il peut servir à tracer d'un trait continu les tractoires d'une courbe plane donnée quelconque.

M. Petrovitch fait voir que, légèrement modifié, l'appareil peut aussi servir pour l'intégration graphique, très simple et très commode, de certaines classes d'équations différentielles du premier ordre. Tel est, par exemple, le cas de l'équation

$$F\left(x+\frac{\mu-\lambda y'}{\sqrt{1+y'^2}},\ y+\frac{\lambda+\mu y'}{\sqrt{1+y'^2}}\right)=0,$$

F étant une fonction quelconque de deux variables. Dans le cas, par exemple, où la courbe $F=0$ se réduit à une droite le long de laquelle on fait déplacer un stylet de l'appareil, la trace laissée sur le papier par une roue mobile de l'appareil est l'intégrale d'une équation de la forme

$$f(x,y)y'^2+ay'+\varphi(x,y)=0,$$

où f et φ sont polynomes du second degré en x et y, et a une constante.

45. Le curvimètre servant à mesurer les longueurs des arcs peut aussi être utilisé pour la quadrature de certaines classes de courbes, ainsi que pour l'intégration mécanique de certaines classes d'équations différentielles.

Ainsi, les courbes

$$y=A\,e^{\alpha x}+B\,e^{-\alpha x},$$

où A, B, α sont des constantes liées entre elles par la relation

$$4\alpha^2AB-1=0,$$

ont la propriété analogue à celle des lignes droites, que l'aire limitée par l'axe des x, l'arc de la courbe et les ordonnées aux extrémités de l'arc, est égale à l'aire du rectangle ayant comme base la longueur de cet arc et comme hauteur la valeur absolue de $\frac{1}{\alpha}$.

M. Petrovitch signale de nombreuses classes de courbes, définies par des équations différentielles, quarables par la rectification.

(¹) *Dingler's Polytechn. Journal*, 1897, Bd. 305.

Il en tire aussi un procédé mécanique, simple et pratique, pour l'évaluation d'intégrales définies prises entre les limites arbitraires, s'appliquant, par exemple, aux intégrales

$$\int dx\sqrt{1+k^2\sin^2 x}, \qquad \int dx\sqrt{1+k^2x^4}, \qquad \int e^{-x^2}\sqrt{1+4x^2}\,dx, \qquad \ldots$$

46. Soient A_i les corps actifs et B_i les produits d'une réaction chimique *normale* ne donnant pas naissance aux réactions secondaires et se passant entre n liquides. La variation de la quantité d'un produit B_i au cours du temps est réglée par une loi que l'on obtient par l'intégration des équations

$$\frac{dy_i}{dt} = C_i\omega_1\omega_2\ldots\omega_n \qquad (i = 1, 2, \ldots, n),$$

où y_i désigne la quantité du produit B_i formé au cours de la réaction dans l'intervalle de temps compris entre $t = 0$ et $t = t$; les ω_i sont les concentrations du mélange en A_i, et C_i est un coefficient variant avec les conditions physiques, mais qu'on peut rendre constant pour une réaction donnée.

Les quantités ω_i peuvent varier avec le temps non seulement à cause de la dépense continuelle des corps actifs A_i au cours de la réaction, mais aussi par des causes extérieures. Ainsi on peut faire que plusieurs liquides A_i affluent au vase où se passe la réaction, suivant les lois connues (en s'écoulant, par exemple, par des orifices pratiqués sur le fond des vases de formes connues). En tenant compte de ce que les quantités dépensées des corps A_i sont à chaque instant proportionnelles entre elles, la quantité totale d'un produit de réaction B variera au cours du temps suivant une loi définie par l'intégrale de l'équation différentielle du premier ordre de la forme

$$(69) \qquad \frac{dy}{dt} = H(\varphi_1 - y)(\varphi_2 - y)\ldots(\varphi_n - y),$$

où H est une constante déterminée et les φ_i fonctions positives du temps.

Inversement : en déterminant, par des mesures gravimétriques ou volumétriques, les quantités du produit B correspondant à divers intervalles $(0, t)$ du temps, on obtiendra sur le diagramme (y, t) des points appartenant à une courbe intégrale de l'équation (69).

C'est le *procédé chimique* de M. Petrovitch pour l'intégration des équations de la forme (69). A l'aide, par exemple, d'une réaction bimoléculaire (par exemple de celle qui se passe entre le chlorate de potasse et le sulfate de fer en dissolution acide), on effectuerait l'intégration de l'équation de Riccati

$$\frac{dy}{dt} = H(\varphi_1 - y)(\varphi_2 - y)$$

avec une approximation qui dépend de la précision des mesures effectuées.

CINQUIÈME PARTIE.

PHÉNOMÉNOLOGIE GÉNÉRALE.

(Mémoires et Ouvrages nos 14, 40, 41, 55, 56, 74, 99, 116, 123.)

I. — Analogies comme base d'une Phénoménologie générale.

47. Le grand problème de l'investigation de la Nature se laisse résumer en ces deux questions fondamentales (Stuart Mill) :

Quelles sont les suppositions en moindre nombre possible qui, étant admises, auraient pour résultat l'ordre de la Nature tel qu'il existe?

Quelles sont les propositions générales les moins nombreuses possibles dont toutes les uniformités existant dans la Nature pourraient être déduites?

On se rapproche de la réponse, du but idéal, asymptotique de la Philosophie naturelle, chaque fois qu'on aura réussi à amener un groupe de phénomènes à un même processus, à un même *type de mécanismes*.

Or, dans l'immense bigarrure des faits de toute nature, se rencontrent à chaque pas des ressemblances, des conformités, des analogies souvent frappantes, même entre les faits ne paraissant avoir entre eux aucun rapport concret. Sans parler des ressemblances précises de figures géométriques, ni des conformités parfaites de mouvements de systèmes matériels, ni de celles ayant leur raison d'être dans l'identité de leur nature concrète, on rencontre bien souvent des faits qui paraissent distincts et éloignés l'un de l'autre et qui, cependant, ne diffèrent que par la forme extérieure, par le vêtement qui les couvre. Il suffit de rappeler ces nombreuses ressemblances, superficielles ou profondes, suggérant des métaphores et des comparaisons dont on se sert à chaque instant aussi bien dans le langage scientifique que dans le langage courant.

Parmi les nombreuses analogies, les plus précises et les plus complètes sont, bien naturellement, celles qui se rencontrent dans le domaine des phénomènes des sciences exactes, et en particulier celles qui existent entre les phénomènes mécaniques et physiques. Ces analogies sont bien nombreuses et à une multitude de phénomènes physiques il est possible de faire correspondre un phénomène mécanique qui lui sera analogue par un ensemble de particularités et qui l'*illustrera* à un certain point de vue. Les éléments de significations concrètes très différentes dans deux phénomènes distincts jouent souvent des *rôles semblables* et cette ressemblance de rôles entraîne, dans un grand nombre de cas, une ressemblance dans les équations et dans les conséquences qui s'en dégagent. Les analogies sont, dans ce domaine, souvent si complètes que tout résultat obtenu dans l'étude d'un phénomène peut être immédiatement transporté, avec sa traduction spéciale, dans un autre qui lui est complètement disparate.

On connaît les services immenses que les analogies ont rendu aux différentes branches de sciences, et plus particulièrement à la Physique mathématique, ayant permis maintes fois de transporter une théorie achevée d'une classe de phénomènes dans le domaine d'une tout autre nature, servant ainsi de guide aux investigations et suggérant même les découvertes. *Mais ne pourrait-on, en les analysant convenablement, leur attribuer plus de portée et leur conférer une valeur scientifique intrinsèque?* Telle est la question posée par M. Petrovitch et il précise son idée dans plusieurs Ouvrages et Mémoires.

D'abord, toute analogie consiste dans l'existence d'un ensemble (F) de faits que présentent en commun les faits (G) embrassés par l'analogie. L'ensemble (F) est ce que M. Petrovitch désigne comme *noyau d'analogie* du groupe (G).

Le noyau d'analogie peut contenir des faits se rapportant aux *allures* ou aux *mécanismes* des phénomènes du groupe : le cas particulièrement intéressant au point de vue du problème énoncé est celui où il contient à la fois les deux espèces de faits. M. Petrovitch a eu l'idée d'utiliser de pareils noyaux d'analogie pour l'édification d'une *Phénoménologie générale* embrassant les phénomènes de toute espèce et de toute nature concrète, et il l'a fait de la manière sommairement indiquée aux paragraphes suivants.

48. D'abord, il y a une certaine manière d'*uniformiser* les noyaux d'analogie, c'est-à-dire d'exprimer l'ensemble (F) sous une forme qui sera la même pour les phénomènes de toutes natures concrètes contenus dans le groupe (G).

D'une part, il y a une manière de décrire des phénomènes, quels qu'ils soient, de telle sorte que les particularités de leur *allure* se trouvent résumées dans le mode de mouvement d'un *point figuratif* du phénomène, défini dans l'hyperespace par un système de coordonnées choisies de manière qu'à chaque instant la configuration du système détermine l'état correspondant au fait visé dans le phénomène. *La ressemblance d'allures d'un groupe de phénomènes se reflète alors dans des particularités que les mouvements des points figuratifs correspondants présentent en commun.* Le passage graduel ou brusque de couleur du rouge au vert et l'aggravation d'une maladie se traduisent par une même particularité des points figuratifs respectifs : par leur déplacement dans la direction de la coordonnée correspondant à la couleur, ou au degré de maladie, et dans le sens positif de cette direction ; l'évolution des phénomènes vers un état définitif stationnaire se traduira par l'approche du point d'une position asymptotique, la périodicité des phénomènes par le passage des points figuratifs par les mêmes positions à des intervalles de temps de même longueur, etc. Plus la ressemblance d'allures sera complète, plus il y aura de particularités communes dans les modes de mouvement des points figuratifs correspondant aux phénomènes du groupe.

D'autre part, on peut donner aux notions de *rôle* une forme *indépendante de la nature concrète des porteurs de rôles, indépendante également de celle des conséquences s'y rattachant*, de même que les notions géométriques sont indépendantes de la nature concrète des objets auxquels elles se rapportent. Il arrive, en effet, que dans l'infinie diversité des rôles spécifiques, rattachés aux porteurs de natures concrètes infiniment variées, on puisse discerner des *types de rôles* se retrouvant sous une infinité de formes spécifiques dans le monde de phénomènes concrets. Tels seraient, par exemple, les types de rôles désignés comme cause impulsive ou dépressive, comme cause réactive, résistante, rythmique, intermittente ; le rôle d'inertie, de liaison, d'obstacle; le rôle excitateur ou provocateur; le rôle régulateur ou compensateur; le rôle coordinatif, etc.

La connaissance des types de rôles intervenant dans l'existence d'un phénomène, et celle de la manière dont résultent les particularités d'allure comme conséquences nécessaires de la combinaison des types de rôles déterminés, équivalent à la connaissances du *type de mécanisme* auquel le phénomène serait dû. Un tel type embrasse les mécanismes spécifiques d'une foule de phénomènes disparates qu'il unit ainsi malgré leur diversité. C'est ainsi qu'un groupe de phénomènes disparates apparaîtra comme étant dû, par exemple, à l'action d'une cause impulsive invariable, ou périodique, directement opposée à l'inertie du phénomène; ou bien à une cause dépressive faiblissant en raison directe de son effet; ou bien à l'action combinée de plusieurs causes périodiques de même période, mais de phases différentes, entravée par un assemblage de liaisons, ou par l'apparition brusque de causes dépressives, ou par l'influence du facteur jouant le rôle de terrain, ou du facteur jouant le rôle de régulateur, ou bien le rôle coordinatif, etc.

Le noyau d'analogie ainsi uniformisé constitue une notion mathématique importante. De même que le noyau de similitude de polygones semblables consistant dans l'égalité des angles, la proportionnalité des côtés homologues entre eux et aux périmètres des polygones, etc. transforme la similitude en égalités, de même *le noyau d'analogie d'un groupe de faits, si disparates qu'ils puissent être, transforme la ressemblance de ceux-ci en égalités.* Toute ressemblance, depuis l'analogie mathématique la plus complète jusqu'à la ressemblance la plus vague, se laisse résumer en un noyau dans lequel aura disparu tout ce qu'il y avait de vague et où il ne restera plus que ce qui se trouve de réellement identique dans la ressemblance.

Les particularités d'allure et celles de mécanisme, contenues dans le noyau d'un groupe de phénomènes sont invariablement liées entre elles; ces dernières amènent invariablement, comme conséquence infaillible, un ensemble déterminé de particularités d'allures qui leur sont rattachées. L'un des problèmes fondamentaux de la Phénoménologie générale consisterait alors en ceci : *En disposant de données quantitatives ou qualitatives sur le mécanisme du phénomène, contenues dans le noyau d'analogie du groupe, prévoir les particularités d'allure rattachées au groupe.*

Le problème est du ressort de l'analyse mathématique et consiste dans la formation des équations différentielles par lesquelles se traduisent analytiquement les données sur le mécanisme, dans l'intégration de ces équations et dans l'interprétation concrète des faits analytiques impliqués dans les intégrales et dans les équations elles-mêmes, ou bien dans l'étude qualitative des équations. La doctrine ainsi conçue *schématiserait* les phénomènes disparates formant un groupe d'analogie, en les réduisant à une sorte de squelette commun qui correspondrait tantôt à l'un, tantôt à un autre phénomène du groupe suivant les significations concrètes spécifiques que l'on donnera aux éléments du schéma. Un pareil squelette représentera le noyau d'analogie du groupe.

II. — Exemple d'un noyau d'analogie universel.

49. Tout ce qui se passe au cours du temps consiste dans les variations d'un *système* $(u_1, u_2, \ldots, u_n)$ au cours du temps, le nombre n pouvant être fini ou infini. Un état instantané au cours du phénomène est déterminé par la *configuration* du système à l'instant considéré, c'est-à-dire par l'ensemble de valeurs qu'affectent les éléments $u_1, u_2, \ldots, u_n$ à cet instant. Le phénomène lui-même consiste dans la suite des modifications, continues ou discontinues, que subit la configuration du système au cours du temps. On en aura une image dans le mode de mouvement du *point figuratif* M du système dans l'espace à n dimensions, ce point étant celui ayant pour coordonnées les valeurs des éléments $u_1, \ldots, u_n$ du système.

Un système est *libre* lorsque les modifications arbitraires de tous ses éléments sont possibles, c'est-à-dire lorsque le système permet un mouvement arbitraire de son point figuratif. Le système est *à liaisons* lorsque les modifications arbitraires ne sont possibles que pour un certain nombre k de ses éléments $u_1, \ldots, u_k$, les modifications des autres éléments étant déterminées par celles des éléments u_k. Le mouvement du point figuratif est alors *borné* par les liaisons. Celles-ci sont *fixes* ou *déformables* suivant que les modifications virtuelles du système, compatibles avec elles, ne dépendent que de la configuration du système, ou bien dépendent aussi de l'instant dans lequel on les considère. Dans les deux cas, *le mouvement le plus général du point* M, *compatible avec les liaisons, se ramène à son mouvement libre sur une variété* V *d'ordre k dans l'espace à n dimensions.*

L'ensemble de *k* paramètres indépendants entre eux, définissant à chaque instant la position du point M sur la variété V, peut aussi être considéré comme définissant un point N dans l'espace à *k* dimensions. *Le mouvement le plus général du point* M, *compatible avec les liaisons, se ramène au mouvement libre du point* N *dans l'espace à k dimensions.* L'ensemble de ces *k* coordonnées représente le *système réduit* du phénomène et N est son *point figuratif réduit.*

La description d'un phénomène à *n* éléments et à *k* degrés de liberté se ramène alors indifféremment :

1° Ou bien à celle du mouvement *lié* du point M sur une variété d'ordre *k* dans l'espace à *n* dimensions (système primaire);

2° Ou bien à celle du mouvement *libre* du point N dans l'espace à *k* dimensions (système réduit).

Le système descriptif du phénomène sera *holonome* ou *non holonome* suivant que la correspondance entre les points M et N est telle que la position de N dans son espace à *k* dimensions détermine complètement celle de M dans son espace à *n* dimensions, ou bien que, pour cette détermination, il faut préciser le mode de mouvement amenant N à la position considérée.

Au système (primaire ou réduit) se rattachent les *rôles passifs* dans le mécanisme du phénomène, tandis qu'à l'ensemble des faits imposant des modifications par lesquelles se traduit le phénomène, se rattachent les *rôles actifs* du mécanisme. La mise en jeu, le *fonctionnement* du mécanisme, amène un ensemble déterminé de faits par lesquels le phénomène se manifeste. Cet ensemble est invariablement rattaché au mode de liens existant entre les rôles actifs et passifs dans le mécanisme du phénomène : ces liens, exprimés analytiquement, conduisent aux équations du phénomène. On arrive à cette expression analytique de la manière suivante :

Lorsque, au cours du phénomène, un élément *u* se met à varier en présence d'un ensemble (E) de circonstances, on attribue à cet ensemble, considéré comme cause des variations de *u*, une *tendance modificatrice* par rapport à cet élément. Cette tendance est d'autant plus forte que l'élément *u*, *objet direct* de la tendance, change plus vite en sa présence. Le rôle de la tendance modificatrice consisterait ainsi à *imposer* les modifications à la configuration du système descriptif du phénomène, c'est-à-dire à imposer le mouvement à son point figuratif; on considère que ces modifications se produiraient infailliblement si elles n'étaient gênées par la présence d'autres faits qui les entravent ou en rendent même l'accomplissement impossible, malgré la persistance de la tendance modificatrice active.

On admet, de plus, que l'élément lui-même oppose de l'*inertie* aux changements et qu'à chaque instant, pour lui imposer les variations, l'ensemble (E) met en jeu une tendance modificatrice d'intensité égale à la grandeur de l'inertie de l'élément. Or, la grandeur de l'inertie est considérée comme variant en raison directe de la vitesse de variation de l'élément, le coefficient de proportionnalité, le *coefficient d'inertie* ou l'*inertie spécifique* de l'élément représentant la grandeur de l'inertie pour la vitesse de variation égale à l'unité. Dans les mouvements de translation, par exemple, ce coefficient est désigné comme la masse du mobile; dans les mouvements de rotation, c'est le moment d'inertie du corps; dans les changements qu'éprouve l'intensité du courant fourni par la pile électrique intercalée dans un circuit, ce coefficient est la résistance électrique du circuit, etc.

L'intensité de la tendance modificatrice rattachée à (E), mise en jeu à un instant considéré pour imposer des variations à l'élément *u*, afin d'être en rapport avec la grandeur de l'inertie qui lui est opposée, varierait donc, elle aussi, d'instant en instant en raison directe de la vitesse des variations elles-mêmes et de l'inertie spécifique de l'élément. La grandeur absolue du produit de ces deux facteurs servirait de mesure d'intensité, à la fois pour l'inertie et pour la tendance employée par (E) pour vaincre cette inertie. La tendance modificatrice serait à chaque instant affectée d'un *sens*, positif ou négatif, suivant que l'élément *u* en présence de (E) *croîtrait* ou *décroîtrait* à cet instant. Dans le premier cas la cause est *impulsive*, dans le second cas elle est *dépressive*.

Ce serait là une manière de mesurer la tendance modificative *après coup*, c'est-à-dire de l'estimer d'après les variations qu'elle aurait fait subir à l'élément. Or, il y a des ensembles (E) auxquels se trouve rattachée une *loi permanente* permettant d'estimer *préalablement* la tendance de la manière suivante : on saurait à l'avance que le phénomène se passe comme si la tendance à faire varier l'élément u, rattachée à (E), variait elle-même au cours du phénomène suivant une loi fixe, non subordonnée au mode dont la vitesse de variation de l'élément varie effectivement au cours du phénomène. A l'aide d'une telle loi, et sans avoir besoin de connaître les variations de l'élément qui en sont la conséquence, on peut estimer la tendance modificatrice de (E) en elle-même et à l'avance, pour tel instant qu'on voudra. Telles seraient, par exemple, les causes invariables au cours du phénomène; les causes périodiques; les causes proportionnelles à la grandeur d'un élément du phénomène, ou à l'excès de cette grandeur sur une grandeur fixe, ou à la racine carrée de cet excès, ou à la grandeur de l'inertie d'un élément autre que l'objet direct de la cause considérée, ou à la divergence d'un change sur lequel la cause exerce son action, etc.

En somme, ceci revient à assimiler les tendances modificatrices de toutes espèces à des forces mécaniques proprement dites. Une telle assimilation offre la possibilité d'étendre la théorie de l'action des forces aux causes agissantes de toutes espèces et de toutes natures concrètes, n'ayant avec les forces mécaniques en commun que le type de rôle dans les mécanismes des phénomènes respectifs. Le problème fondamental de la Phénoménologie mathématique se ramène ainsi au problème du mouvement dans l'espace à n dimensions et se résout par des extensions intuitives des méthodes classiques utilisées dans l'espace ordinaire.

Ainsi, la définition même de la tendance modificatrice d'une cause conduit aux équations fondamentales de la forme

$$m_j \frac{du_j}{dt} = \Sigma X_{j,i},$$

où les $X_{j,i}$ sont les tendances modificatrices appliquées directement à l'élément u_j, m_j étant l'inertie spécifique de l'élément.

A l'aide des liaisons dans le système primaire $(u_1, u_2, \ldots, u_n)$, on passe du mouvement du point figuratif primaire à celui du point figuratif réduit, par le procédé classique de la Mécanique ordinaire. Parmi les diverses transformations de ces équations, l'une présente un intérêt tout particulier par sa généralité, sa simplicité et la facilité d'application : c'est la transformation conduisant à la forme identique à celle des équations de M. Appell dans la Mécanique ordinaire

$$\frac{\partial \Theta}{\partial q_i} = Q_i \qquad (i = 1, 2, \ldots, k),$$

où les q_i sont les éléments du système réduit, Θ une expression dépendant de ces éléments et des liaisons auxquelles le système primaire est assujetti, Q_i étant des expressions dépendant des liaisons et des tendances modificatrices rattachées aux éléments du système primaire.

Les équations appelliennes s'appliquent aussi bien aux systèmes non holonomes qu'aux systèmes holonomes. Dans le cas de ces derniers, elles se laissent transformer d'une manière identique à celle dont Lagrange a transformé les équations de la Dynamique :

$$\frac{d}{dt}\left(\frac{\partial T}{\partial q'_i}\right) - \frac{\partial T}{\partial q_i} = Q_i \qquad (i = 1, 2, \ldots, k),$$

où T ne dépend que des éléments du système et des liaisons, Q_i dépendant à la fois des liaisons et des tendances modificatrices. Dans le cas des systèmes non holonomes, aux expressions Q_i s'ajoutent les termes correctifs, nuls pour les systèmes holonomes.

Lorsque, le système étant holonome, les tendances modificatrices dérivent d'une fonction de forces (phénomènes à potentiel), les équations se laissent ramener au type canonique d'Hamilton.

Les équations peuvent aussi être écrites, et cela de diverses manières, sous une *forme condensée*, comme le sont, par exemple, les formes suivantes :

1° Pour tout phénomène, à système holonome ou non holonome, il existe une fonction déterminée Φ dépendant du système et des causes appliquées, telle que les équations différentielles du phénomène coïncident avec celles exprimant les conditions pour que Φ soit *minimum* (énergie d'accélération de M. Appell);

2° Pour tout phénomène conservatif existe une équation aux dérivées partielles (équation de Jacobi) dépendant du système et des courses appliquées, telle que les équations du phénomène s'obtiennent, *sous forme finie*, à l'aide d'une intégrale complète de cette équation. Le fait suivant, auquel conduit l'interprétation géométrique de cette équation, est d'une importance capitale pour la Phénoménologie mathématique : *A tout phénomène conservatif correspond une classe de variétés V d'ordre égal au degré de liberté k du système, telle que l'étude du phénomène et l'étude des géodésiques tracées sur V sont des problèmes identiques;*

3° Pour tout phénomène à système holonome, il existe une intégrale définie dépendant du système et des causes appliquées, telle que les équations différentielles du phénomène s'obtiennent en écrivant que la variation première de l'intégrale soit nulle (principes d'Hamilton et de moindre action).

L'intégration des équations différentielles correspondantes conduit aux lois de mouvement du point figuratif du phénomène, c'est-à-dire à la description même de l'allure du phénomène. Les équations différentielles n'étant que l'expression analytique du *type de mécanisme* du phénomène, dans lequel tous les facteurs ont perdu leur signification concrète ne conservant que ce qui caractérise essentiellement leur *type de rôle*, il est naturel que les phénomènes disparates, engendrés par un des facteurs jouant un même type de rôle, présenteront les mêmes particularités d'allure. Une pareille description, rattachée à un même type de mécanisme, représente un *schéma général* ramenant à un même type une foule de phénomènes de toutes espèces et de toutes natures concrètes. Le schéma résume l'ensemble (F) de faits composant le noyau d'analogie du groupe de phénomènes qu'il embrasse et qui deviennent ainsi *analytiquement équivalents* entre eux.

Les conditions pour une telle équivalence analytique peuvent, d'ailleurs, s'exprimer sous une forme précise et condensée. Comme les équations différentielles du groupe, écrites sous le forme de M. Appell, s'obtiennent par la dérivation d'une seule fonction Φ rattachée au mécanisme-type du groupe, les conditions pour l'équivalence analytique des phénomènes du groupe consistent en ceci : *Il faut et il suffit que les fonctions Φ, se rattachant à chaque phénomène du groupe, ne diffèrent entre eux que par des parties additives ne dépendant pas des éléments suivant lesquels est à effectuer cette dérivation.* Dans le cas des phénomènes conservatifs, il existe une variété V d'un ordre déterminé dans l'hyperespace, caractérisée par la propriété que l'allure du phénomène s'obtient par une traduction convenable des particularités rattachées aux géodésiques de V. Par exemple, pour le groupe de phénomènes de toutes natures concrètes, analytiquement équivalents au mouvement d'un point matériel dans un plan sous l'action de forces centrales fonctions de distance, la variété V commune est une surface de révolution. *Pour qu'un groupe de phénomènes conservatifs représente un groupe de phénomènes analytiquement équivalents, il faut et il suffit que ces phénomènes présentent en commun une variété* V.

50. Chaque mécanisme-type implique un certain nombre de particularités d'allures qu'il impose au phénomène auquel il se rattache et qui sont les conséquences nécessaires de sa composition même. Ainsi, l'action d'une cause dépressive directement opposée à l'inertie du phénomène et qui se dépense, en agissant, en raison directe de l'effet produit, implique la décroissance graduelle de l'effet et son évanouissement de plus en plus lent.

Lorsqu'une cause instantanée tend, par son impulsion, à troubler le cours naturel d'un phénomène déjà existant, suivant l'instant où la cause apparaîtra, et surtout suivant la grandeur et le sens de l'inertie du phénomène à cet instant, l'effet de l'impulsion sera très sensible ou insensible, avec toutes les gradations entre ces extrêmes. Dans le cas particulièrement intéressant pour l'explication d'une foule de phénomènes naturels où plusieurs causes intermittentes interviennent, dont le sens est toujours, à l'instant où elles apparaissent, contraire à celui de la vitesse de changement de l'élément caractéristique du phénomène, et causes d'autant plus intenses que cette vitesse est plus considérable, la marche de leur effet se traduira par une courbe oscillante à oscillations très amorties dont un nombre très restreint est sensible.

Certains phénomènes de la Dynamique chimique sont régis par le mécanisme-type suivant : n éléments caractéristiques, liés par des faits introduisant $n - 1$ liaisons fixes entre eux, varient chacun sous l'action d'une cause impulsive directement opposée à son inertie, chaque cause faiblissant progressivement au fur et à mesure qu'elle produit son effet, en s'évanouissant lorsque l'effet aura atteint une certaine grandeur limite. Un tel mécanisme-type implique le fait que chaque élément croîtra au cours du phénomène, mais de plus en plus lentement, tendant asymptotiquement vers une grandeur qu'il ne dépassera pas ; le phénomène lui-même, image collective des variations de ses éléments, tendra progressivement, de plus en plus lentement, vers un régime stationnaire duquel il ne sortira plus.

Dans le cas de phénomènes à un élément dus à l'action de deux causes antagonistes, l'une impulsive d'intensité variable, l'autre dépressive à retard constant, c'est-à-dire d'intensité variant en raison directe de l'effet produit, mais correspondant à un instant antérieur, l'effet sera la superposition d'un phénomène constant et de phénomènes partiels qui se dissipent avec des vitesses différentes, les uns suivant une loi exponentielle, les autres, introduits par le retard, à variations oscillatoires amorties, d'amplitudes et de périodes différentes. Les phénomènes partiels exponentiels faiblissent de plus en plus au cours du phénomène, et d'autant plus rapidement que le coefficient d'activité de la cause variable est plus grand et l'inertie spécifique de l'élément plus faible. Le phénomène résultant tend vers un état final asymptotique en effectuant autour de cet état une série d'oscillations amorties. Un groupe étendu de phénomènes sont dus aux perturbations introduites par un assemblage de causes directes périodiques et faibles, dans un phénomène déjà existant et qui consiste en faibles oscillations périodiques du système autour d'un état d'équilibre stable. Alors, lorsque la période d'aucune cause perturbatrice ne coïncide avec la période des oscillations primitives du système, le phénomène résultant consistera dans la superposition des oscillations primitives et d'une autre espèce d'oscillations périodiques dues à ces causes, ayant chacune la même période que la cause perturbatrice qui l'a imposée, et une amplitude invariable au cours du phénomène, mais d'autant plus considérable que la période des oscillations primitives différera moins de la période de cette cause. Dans le cas où la différence des deux périodes est très petite, cette amplitude est très grande.

Tout ce qui impose le renforcement d'une cause directe impulsive, ou l'affaiblissement d'une cause directe dépressive dans un phénomène, marque son influence sur la marche de celui-ci soit par le renforcement de la croissance, soit par le ralentissement de la décroissance des éléments caractéristiques du phénomène, et inversement. Ainsi, si au cours d'un phénomène à un élément, dans lequel l'assemblage (E_1) de causes directes impulsives est plus fort que l'assemblage (E_2) de causes directes dépressives, apparaît une cause secondaire tendant à renforcer (E_2) ou à affaiblir (E_1), l'élément commencera par croître, mais de plus en plus lentement; à l'instant où (E_1) et (E_2) s'égalisent en intensité, il atteindra son maximum après lequel il se mettra à décroître de plus en plus rapidement. Un assemblage C de causes indirectes (causes secondaires, perturbatrices, facteurs influents, etc.) peut exercer : 1° une influence C_1 sur l'assemblage (E); 2° une influence C_2 sur l'assemblage (E_2). Chacune de ces deux influences peut être renforçante, affaiblissante ou insensible par rapport à (E_1) et (E_2). Leur sens étant indiqué par le signe de C_1 et C_2, le signe o (zéro) correspondant au cas où l'influence est insensible, ces influences se prêtent à neuf combinaisons suivantes :

Combinaisons des actions C_1 et C_2.	Caractère de la combinaison par rapport à C_1.	par rapport à C_2.	Influence résultante sur le cours du phénomène.
$+C_1 - C_2$....	impulsive	dépressive	renforçante
$-C_1 + C_2$....	dépressive	impulsive	affaiblissante
$+C_1 + C_2$....	impulsive	impulsive	incertaine
$-C_1 - C_2$....	dépressive	dépressive	incertaine
$+C_1 +$ o	impulsive	insensible	légèrement renforçante
$-C_1 +$ o	dépressive	insensible	légèrement affaiblissante
o $- C_2$....	insensible	dépressible	légèrement renforçante
o $+ C_2$....	insensible	impulsive	légèrement affaiblissante
o + o	insensible	insensible	nulle

Les données quantitatives ou qualitatives sur les grandeurs relatives C_1 et C_2 ou sur le mode de leurs variations au cours du phénomène conduiraient à des connaissances plus précises sur l'allure du phénomène et permettraient la prévision de diverses autres particularités de cette allure.

De nombreux exemples pareils, indiqués par M. Petrovitch, éclaircissent sa pensée et mettent en évidence ce qu'il y a d'essentiel dans les noyaux d'analogie de phénomènes disparates.

III. — Applications aux phénomènes naturels.

31. Les noyaux d'analogie de la forme précédente se retrouvent à chaque pas dans le monde des phénomènes naturels. La bigarrure marquant extérieurement les particularités d'un groupe de phéno-

mènes analogues provient le plus souvent de la diversité des formes extérieures que revêtent les facteurs respectifs jouant un même rôle dans les mécanismes des phénomènes, ainsi que de la diversité de faits concrets par lesquels se manifestent extérieurement les particularités d'allures invariablement liées au type de mécanisme commun aux phénomènes du groupe. Ainsi :

La cause impulsive se retrouve tantôt sous la forme de force attractive des particules matérielles, tantôt comme force transformatrice dans les réactions chimiques, tantôt comme force destructive des microbes dans une maladie, tantôt comme force impulsive du cœur réglant la pression et la vitesse de circulation du sang, comme force motrice des idées, comme tendance politique, etc.

La cause dépressive se manifeste en tant que pesanteur dans un mouvement ascendant, comme tendance de la lumière à diminuer la pression de l'eau dans les cellules de la fleur, comme fonction phagocytaire des microphages ou macrophages au cours du développement d'une maladie, comme action modératrice de petits vaisseaux contractiles tendant à diminuer la pression et la vitesse de circulation du sang, comme action dépressive de certains états affectifs entravant et même paralysant l'action motrice des idées dans la production des actes volontaires, etc.

Dans le phénomène de chute d'un corps dans le vide, le rôle de cause invariable est joué par la pesanteur; le rôle de cause périodique par la force électromotrice en jeu dans les phénomènes de courant alternatif, par l'action de la lumière dans l'émanation du parfum des fleurs odorantes, par les composantes des forces attractives du Soleil et de la Lune dans les phénomènes de la marée. Dans une maladie microbienne, le rôle de cause croissante est joué par les bacilles se reproduisant et envahissant l'organisme; au cours du développement des bacilles, le rôle de cause décroissante est figuré par l'action de la lumière ou par les propriétés bactéricides et antitoxiques des humeurs. Les excitations intermittentes du muscle cardiaque dans divers phénomènes physiologiques jouent le rôle de causes intermittentes, etc.

Le rôle de cause réactive, prenant naissance à l'apparition même des modifications d'un système imposées par d'autres causes impulsives ou dépressives et s'opposant à ces modifications quel que soit leur sens, est joué, tantôt par la force électromotrice de l'induction, tantôt par la réaction de la rétine provoquée par les excitations lumineuses, tantôt par diverses réactions sociales, etc.

Le rôle d'inertie se retrouve, tantôt dans l'inertie mécanique dans les mouvements de translation, tantôt dans la force centrifuge dans les mouvements de rotation, tantôt dans diverses forces électromagnétiques dans les phénomènes électriques, tantôt dans la force de l'habitude, etc.

Le rôle excitateur (provocateur) est joué, tantôt par l'étincelle provoquant une explosion, tantôt par l'établissement d'un contact électrique déterminant une réaction chimique intense, par des incidents insignifiants en eux-mêmes déclenchant de graves événements, etc.

Le rôle de liaison se retrouve dans le fait qu'un point mobile est assujetti à rester constamment sur une courbe ou sur une surface; dans la loi de Mariotte réglant les déformations élastiques des gaz parfaits; dans les lois de Kirchhoff réglant la distribution de l'électricité dans un réseau de conducteurs; par la loi de proportionnalité entre les quantités de corps chimiques, dépensées au cours d'une réaction chimique et les quantités de produits de réaction; dans diverses corrélations entre des phénomènes physiologiques et psychologiques (diverses corrélations réflexes; associations des idées, etc.).

Le rôle régulateur est celui imposant, par exemple, la régularisation de la vitesse du volant de la machine à vapeur, la régularisation de la pression osmotique dans l'organisme, celle de la respiration par des bulles gazeuses à la surface de certains organismes aquatiques, la compensation entre la variation des amplitudes de respiration chez un animal et les changements de leurs fréquences lors des rétrécissements et des dilatations des voies respiratoires, l'action régulatrice de l'offre et de la demande dans les phénomènes économiques, etc.

Les particularités communes d'allure imposées par un type déterminé de mécanisme à divers phénomènes disparates, revêtues de significations concrètes que comporte le phénomène naturel spécifique considéré, se traduisent aussi extérieurement par des particularités concrètes infiniment variées suivant la nature spécifique du phénomène.

Ainsi, la croissance d'un élément se traduit tantôt par l'accélération de la vitesse de translation ou de rotation dans un mouvement, tantôt par la transition graduelle d'une couleur passant du rouge au violet, tantôt par l'échauffement d'un corps ou par un courant électrique de plus en plus intense, par l'accélération d'une réaction chimique, par l'aggravation d'une maladie, etc.

La décroissance d'un élément peut se traduire par les changements de couleur dans le sens inverse au précédent, par le refroidissement d'un corps, par le ralentissement d'une réaction chimique, de l'atténuation d'une maladie. Une décroissance très brusque peut se traduire par le choc de corps, par un phénomène de mutation au cours de variation d'une espèce animale ou végétale, par la coagulation instantanée d'un colloïde.

Le passage d'un élément par la valeur zéro se traduit, par exemple, par des raies ou bandes noires dans des phénomènes d'interférences; le passage par un point anguleux du diagramme indique, dans le cas où ce diagramme est celui de la solubilité de corps cristallisés, un changement allotropique ou un changement d'hydratation du corps, ou bien un changement réciproque de deux corps en dissolution, etc.

Le caractère oscillant se manifeste, tantôt par les oscillations d'un pendule, tantôt par l'apparition d'un courant électrique alternatif, par des alternances successives d'aggravation et d'atténuation d'une maladie, par des oscillations des affaires commerciales dans un pays, etc.

L'amortissement progressif des oscillations se retrouve dans l'immobilisation progressive d'un pendule par une série d'oscillations de moins en moins sensibles; dans l'uniformisation progressive d'un courant électrique alternatif par une série d'alternances de plus en plus faibles; dans le caractère oscillant amorti de l'excitabilité du cœur par des excitations faradiques constantes, ou de l'excitabilité du centre nerveux, ou de l'excitabilité de la rétine par la lumière, dans le mode de l'action photochimique de la lumière, etc.

La périodicité du changement d'un élément ou d'un système d'éléments se traduit par le passage du mobile par les mêmes positions dans les intervalles égaux de temps; par les variations périodiques de l'intensité du parfum des fleurs sous l'influence de la lumière solaire; par le retour périodique du flux et reflux dans des phénomènes de la marée; par les mouvements rythmiques dans l'organisme; par le retour périodique des crises commerciales et économiques.

Les particularités de l'allure collective, auxquelles donne naissance la simultanéité des allures individuelles des éléments du système, apparaissent également sous les formes extérieures les plus disparates. Elles peuvent se traduire sous la forme de la trajectoire d'un point mobile, par le fait que le point reste constamment sur une surface ou sur une courbe déterminée; par le mouvement complexe d'une barre, d'une chaîne, d'une toupie; par l'image que présente la propagation des ondes sur la surface d'un liquide; par diverses figures optiques, par les couleurs des couches minces; par divers phénomènes d'interférences; par l'image collective de l'état d'une maladie, d'un climat, de l'état économique, politique, financier d'un pays, etc.

52. On entrevoit, par ce qui précède, la possibilité de classer des phénomènes de tous ordres : mécaniques, physiques, physiologiques, sociologiques, etc., dans des *types communs de mécanismes*, à la condition de savoir discerner les éléments correspondants jouant dans les phénomènes respectifs considérés les rôles assignés dans le type résumé de mécanisme. Et il importe de bien remarquer que tout ceci *ne présuppose nullement des éléments et des facteurs de nature exclusivement mécanique ou physique*. Les rôles seuls interviennent dans la composition d'un mécanisme-type et dans les conséquences qui s'ensuivent; ces rôles peuvent être joués aussi bien par des facteurs *homologues* d'ordres chimique, physiologique, psychologique, sociologique, etc., que par des facteurs mécaniques ou physiques proprement dits. De même, les faits que la composition d'un mécanisme-type déterminé implique et impose comme conséquences peuvent se traduire extérieurement aussi bien par des faits concrets d'ordre physiologique, sociologique, etc., que par des particularités de mouvement proprement dit.

Ainsi, le mécanisme du phénomène de l'excitabilité oscillante du cœur, consistant en ce fait que les contractions ou les dilatations provoquées par une série d'excitations instantanées successives varient avec le temps écoulé depuis l'excitation antérieure, et cela d'une manière rythmique, est réductible au type de mécanismes suivant : perturbations provoquées par une suite discontinue de causes instantanées intermittentes, égales entre elles dans un phénomène déjà existant qui, dans son cours naturel, présente une allure oscillante. Le rôle de l'élément caractéristique est joué par la grandeur d'excitabilité mesurée par les grandeurs des contractions positives ou négatives; celui des causes intermittentes, par la suite d'excitations intermittentes. Les faits que comporte comme conséquences un tel type de mécanisme sont en plein accord avec les faits d'ordre physiologique que révèle l'observation et l'expérience.

Le même type de mécanismes se retrouve dans le phénomène électrique formant la base du « procédé des signaux bridés » de Sir W. Thomson employé dans la télégraphie sous-marine, procédé qui consiste à envoyer dans le câble des forces électromotrices instantanées intermittentes, les instants d'envoi étant choisis de telle manière que le système récepteur s'amortisse le plus vite possible et se rend ainsi capable d'une nouvelle transmission.

Le même type de mécanisme régit également le phénomène d'excitabilité du centre nerveux; celui des oscillations rétiniennes; celui du phénomène électrique qui se passe dans le procédé couramment employé pour ramener le galvanomètre le plus possible au zéro et l'y arrêter par une suite intermittente de contacts. Il est probable que le même type de mécanisme régit aussi l'action des vaccins sur le cours de certaines maladies microbiennes, où l'efficacité du vaccin varierait, d'une manière qui se laisserait prévoir, avec le moment où la vaccination a été faite.

Le mécanisme du phénomène de la marée et celui des fluctuations périodiques du parfum dégagé par des fleurs au cours des alternances du jour et de la nuit, seraient également dus à un même type de mécanismes qui consisterait en changements d'un élément sous l'action d'un assemblage de causes périodiques de même période. Les éléments caractéristiques en seraient : la hauteur du niveau de la mer à l'endroit considéré et l'intensité du parfum : le rôle de cause périodique y serait figuré par les composantes des forces attractives du Soleil et de la Lune dans le phénomène de la marée, et par l'action de la lumière dans l'émanation du parfum des fleurs odorantes dans le second phénomène.

Le mécanisme des oscillations des phénomènes économiques, provoquant les crises commerciales et économiques périodiques, se trouverait expliqué par un mécanisme rentrant dans le type suivant : action de deux causes, l'une impulsive, commençant par croître et subissant ensuite un arrêt de croissance, l'autre dépressive à retard et à croissance proportionnelle à celle de l'effet de la cause impulsive correspondant à une époque antérieure pendant laquelle cette dernière cause était en état de croissance. Le mécanisme serait le même que celui par lequel s'explique l'allure oscillante de l'effet de l'action photochimique de la lumière sur la couche sensible. Le rôle de la cause impulsive, joué dans ce dernier mécanisme par la tendance directe de la lumière à modifier le sel d'argent de la couche, serait joué dans le phénomène économique par l'ensemble de facteurs poussant à la spéculation; le rôle de la réaction de la couche produisant, avec un certain retard, une modification inverse de celle-ci, serait joué dans le second phénomène par le fait d'accumulation des échéances mettant en jeu, avec un certain retard, les obligations provenant des opérations à terme.

Le mécanisme auquel Th. Ribot attribue la production des actes volontaires se laisse, dans ses grandes lignes, ramener au type général suivant : un assemblage de causes impulsives (tendances motrices des idées, d'autant plus fortes que l'élément affectif y est plus fort) et un assemblage de causes dépressives (tendances dépressives et réactives rattachées à certains états de conscience, par exemple à des sentiments tendant à entraver, à affaiblir, à paralyser l'action des tendances motrices impulsives) dont l'action combinée est réglée par des facteurs jouant un rôle coordinatif et s'effectue au sein d'un assemblage de circonstances (caractère général de l'individu) jouant le rôle de terrain. L'action se traduit en un processus *normal* lorsque les causes impulsives et dépressives varient entre les limites déterminées, lorsque le rôle coordinatif se fait sentir tel qu'il devrait être par sa définition même, et lorsque le terrain exerce son rôle de façon que l'action d'une ou de plusieurs causes ne soit pas trop favorisée de sorte qu'elle dépasse une certaine limite, ni rendue insensible ou nulle. Lorsque toutes ces conditions ne sont pas satisfaites à la fois, le processus entre dans une phase *pathologique*, caractérisée par des anomalies déterminées, soit de causes impulsives, soit de causes dépressives, soit de facteurs à rôle coordinatif, soit du terrain. L'analyse plus profonde des natures et de la répartition de ces divers rôles, ainsi que des conséquences que comporte leur mise en jeu, fait ressortir les particularités concrètes du phénomène psychologique dans son état normal et dans ses phases pathologiques. Le phénomène apparaît comme lutte de facteurs impulsifs et dépressifs dont les circonstances, les péripéties, l'issue et l'épilogue illustrent d'une manière parfaite jusqu'aux menus faits psychologiques par lesquels se traduit le phénomène.

Une foule de pareils exemples, indiqués et traités à fond dans la théorie de M. Petrovitch, font entrevoir la possibilité de comprendre dans des types généraux de mécanismes un grand nombre de phénomènes inaccessibles aux « explications mécaniques » si l'on prend le mot « mécanique » dans l'acception littérale et étroite qu'on lui donne d'ordinaire.

Mais le domaine des applications des mécanismes-types se trouve considérablement élargi et étendu au delà du domaine de la Mécanique ordinaire par les faits suivants :

1° En premier lieu par le fait que, lorsqu'il ne s'agit que des particularités *qualitatives*, les moyens d'investigation simples sont, dans la plupart des cas, plus efficaces que les instruments précis d'investigations *quantitatives* et permettent souvent de pénétrer là où ces derniers, à cause de leur finesse même, de leur précision et des conditions qu'ils exigent, restent innefficaces. On parvient ainsi à reconnaître : la croissance ou la décroissance progressive des éléments caractéristiques l'existence de maxima et de minima; le caractère oscillant, périodique, discontinu; l'existence de régimes asymptotiques, etc. L'interprétation concrète de tels faits fera connaître, dans un grand nombre de cas, ce qu'il importe le plus de connaître dans un phénomène considéré.

2° En second lieu, par le fait qu'en attribuant des types de rôles *collectifs* à des ensembles non analysables de facteurs, on peut arriver à saisir des mécanismes-types complexes sans qu'il soit indispensable de décomposer la collectivité en éléments qui la composent et de connaître le rôle individuel de chacun des composants. Lorsque, avec les progrès des connaissances, la collectivité deviendra analysable, de sorte que le rôle qui lui a été primitivement et provisoirement assigné se laissera décomposer en un complexe de rôles partiels déterminée, rattachés à des composantes de la collectivité, cela n'infirmera pas le type de mécanisme primitif, mais viendra seulement le compléter et amener l'explication de détails qu'il ne pouvait pas fournir. Une telle manière de simplifier consiste donc, en somme, à procéder *par approximations successives*, une approximation plus grande n'infirmant pas l'approximation précédente plus vague, mais la rendant plus précise et s'accordant ainsi avec la marche générale des connaissances s'effectuant elle-même aussi par étapes successives.

3° En troisième lieu, par le fait que dans la collectivité, mal connue, d'éléments faits, facteurs au concours desquels est dû le phénomène, on puisse souvent en discerner quelques-uns parmi les plus importants, prédominants, ceux qui donnent le type au phénomène au point de vue envisagé, et par le concours desquels s'explique du moins ce qui est essentiel dans celui-ci.

L'impression qui se dégage de cet exposé sommaire des idées de M. Petrovitch est que, si la *Mécanique universelle* est un rêve, un idéal à jamais inaccessible, un point asymptotique de la marche des connaissances humaines dans la direction duquel les efforts seront constamment dirigés sans jamais l'atteindre, il n'en est pas d'une *Phénoménologie qualitative* au sens des considérations précédentes. Il ne serait peut-être pas prématuré et téméraire d'y penser dès à présent comme à une première étape préMathématique vers l'idéal scientifique (1).

---

(1) Les idées exposées dans ce qui précède sont analysées et commentées dans les périodiques, ouvrages et articles suivants :

Revue des questions scientifiques, Louvain, numéro du 20 janvier 1907 (M. Maurice d'OCAGNE).

Rivista di scienza, Bologna, n° 3, 1907 (M. Pierre BOUTROUX).

Revue scientifique, Paris, numéro du 30 juin 1906 (M. G. SAGNAC).

Cosmos, Paris, numéro du 10 novembre 1906.

Délo, Belgrade, 1912 (K. STOYANOVITCH).

Srpski Književni glasnik, Belgrade, numéro du 1er mars 1912 (M. M. MILANKOVITCH).

G.-H. NIEWENGLOWSKI, *Les mathématiques et la médecine* (Paris, H. Desforges, 1906).

Eresme DE MEYEWSKI, *La Science de civilisation* (Paris, F. Alcan, 2e édition).

R. MARCHAL, *La Mécanique des phénomènes fondée sur les analogies*.

Revue positiviste internationale, Paris, numéro du 1er septembre 1921 (M. Marcel BOLL).

SIXIÈME PARTIE.

RECHERCHES DIVERSES.

Nombres premiers.

(Notes nos 77, 122.)

53. M. Petrovitch indique une manière de former des classes étendues de courbes planes C rencontrant une droite fixe aux points dont les distances à un point fixe forment *la suite indéfinie des nombres premiers*. Il signale à ce propos une question d'Analyse, laquelle, résolue dans le sens affirmatif, ne serait pas dénuée d'un intérêt arithmétique :

Il existe des fonctions telles qu'elles-mêmes et leurs dérivées secondes soient réelles, finies et continues pour les valeurs positives de x, ayant la suite indéfinie de *nombres entiers* positifs comme zéros *simples*, sans s'annuler pour aucune autre valeur positive de x. Telle serait, par exemple, la fonction élémentaire $\sin \pi x$.

Peut-on construire une fonction $\Phi(x)$ telle qu'elle-même et sa dérivée seconde soient réelles, finies et continues pour les valeurs positives de x et qu'elles aient la suite indéfinie des *nombres premiers* positifs comme zéros *simples*, sans s'annuler pour aucune autre valeur positive de x?

Une pareille fonction Φ étant supposée construite, l'expression

$$\frac{1}{\Phi}\frac{d^2\Phi}{dx^2} = F(x) \tag{70}$$

serait réelle, finie, continue et différente de zéro pour toute valeur positive de x : de plus, elle serait nécessairement *négative* pour x variant de o à ∞. La courbe $y = \Phi(x)$ aurait pour x positif une allure sinusoïdale, tournant constamment sa concavité vers l'axe des x et coupant cet axe (sans jamais le toucher) aux points dont les abscisses seraient des nombres premiers; c'est en ces points que l'ordonnée de la courbe et sa concavité changeraient à la fois de sens et ce seraient les seuls points d'inflexion de la courbe.

La connaissance d'une limite inférieure — M et d'une limite supérieure — N de la fonction $F(x)$, pour x variant dans un intervalle positif donné (a, b), conduirait à deux *limites entre lesquelles serait compris le nombre de nombres premiers contenus dans l'intervalle* (a, b) : *ce nombre serait compris entre les deux valeurs*

$$\frac{(b-a)\sqrt{N}}{\pi} \quad \text{et} \quad \frac{(b-a)\sqrt{M}}{\pi}+2.$$

Les règles de M. Petrovitch, exposées dans la quatrième Partie de ce Livre et relatives aux intégrales oscillantes des équations différentielles, permettraient de resserrer notablement ces limites.

54. Le développement classique exprime les nombres e sous la forme de la somme de fractions rationnelles ayant pour numérateur l'unité. Il est, d'ailleurs, possible, et cela d'une infinité de manières, d'exprimer ce nombre sous la forme de la somme de fractions rationnelles irréductibles ayant comme numérateurs des entiers autres que 1.

M. Petrovitch fait remarquer qu'*il est possible d'exprimer e sous la forme de la somme de fractions rationnelles irréductibles ayant pour numérateurs la suite naturelle de nombres premiers impairs* : ce nombre s'exprime sous la forme

$$\sum_{n=0}^{n=\infty} \frac{1}{\alpha_n} + \sum \frac{p_n}{\beta_n},$$

où α_n, β_n, p_n sont des nombres entiers tels que la fraction $\frac{p_n}{\beta_n}$ étant ramenée à sa forme irréductible, p_n *soit le* $n^{\text{ième}}$ *terme de la suite naturelle des nombres premiers* 3, 5, 7, 11, 13, ...

Au point de vue de cette propriété arithmétique, le nombre e n'est qu'un cas particulier d'une classe plus générale de nombres jouissant de la même propriété. Soient m_0, m_1, m_2, ..., des nombres entiers quelconques et considérons la fonction *entière* de x

$$f(x) = \frac{1}{m_0} + \frac{x}{1!\,m_1!} + \frac{x^2}{2!\,m_2!} + \ldots.$$

Le nombre

$$M = \frac{f(1) + f'(1)}{2}$$

se laisse exprimer sous la forme de la somme de fractions rationnelles irréductibles *n'ayant pour numérateurs que les nombres premiers.*

Étant donnée une fonction $\varphi(x)$ développable pour $|x| \leq 1$ en série de la forme

$$\varphi(x) = \frac{1}{m_0} + \frac{x}{m_1} + \frac{x^2}{m_2} + \ldots,$$

M. Petrovitch forme des nombres M exprimés par une intégrale définie portant sur des combinaisons simples de $\varphi(x)$.

Coordonnées semi-curvilignes.

(Mémoire n° 26.)

55. M. Petrovitch a introduit en Géométrie analytique l'emploi d'un système particulier de coordonnées qui se présente d'une manière naturelle dans certaines classes de problèmes et qu'on peut utilement employer soit pour y simplifier les démonstrations, soit pour démontrer des théorèmes nouveaux.

Soit A l'origine des arcs d'une courbe plane fixe C; un point arbitraire M du plan de la courbe est parfaitement déterminé par les grandeurs et les signes de deux coordonnées s et n définies de la manière suivante : du point M on abaissera la perpendiculaire MB sur la courbe C; l'arc AB sur cette courbe sera désigné par s, et la longueur MB de la perpendiculaire sera désignée par n.

Les longueurs s et n constituent un système particulier de *coordonnées semi-curvilignes.* On considérera s comme positif d'un certain côté de l'origine des arcs A et comme négatif de l'autre côté. Pour fixer le signe de n, on imaginera un observateur placé le long de la courbe C dans la direction des s positifs, la face tournée vers le plan de la figure : les n seront positifs, par exemple, à sa droite et négatifs à sa gauche. La courbe C est l'*axe curviligne* du système; le point A sera l'origine.

Une courbe arbitraire C′ dans le plan de C est parfaitement déterminée par la relation $f(s, n) = 0$ qui lui correspond. La courbe $f(s, n) = 0$, quand on y considère s et n comme coordonnées cartésiennes, est dite l'*image de la courbe* C′ *par rapport à l'axe curviligne* C. A un observateur qui se déplacerait le long de l'axe curviligne, sans tenir compte de la courbure de l'axe, la courbe C′ apparaîtrait avoir la forme de son image par rapport à cet axe.

L'image, par exemple, de la développée de la cycloïde par rapport à la cycloïde elle-même, est un cercle; l'image d'une épicycloïde est une ellipse et l'image d'un cercle par rapport à sa développante est une parabole. L'image de la développée d'une courbe algébrique et unicursale à arc rationnel en coordonnées cartésiennes est également une courbe algébrique unicursale.

Pour que l'image d'une courbe algébrique, par rapport à un axe curviligne algébrique C, *soit elle-même une courbe algébrique, il faut et il suffit que la courbe* C *soit la développée d'une courbe algébrique.* C'est ainsi que si l'axe curviligne est une section conique, l'image de toute courbe algébrique est une courbe transcendante. Si cet axe est une cubique unicursale, pour que l'image d'une courbe algébrique soit aussi une courbe algébrique, il faut et il suffit que la courbe soit : ou bien la caustique-podaire de la parabole du second degré, ou bien la développée de cette parabole.

Les coordonnées de M. Petrovitch interviennent utilement dans un grand nombre de problèmes. Dans l'étude, par exemple, de la *symétrie courbe* elles sont les véritables coordonnées naturelles, ainsi que dans l'étude des roulettes et des courbes tracées sur les surfaces développables. M. Petrovitch en donne divers exemples en déterminant, à l'aide de ces coordonnées, les géodésiques des surfaces développables, leurs cercles géodésiques et leurs coniques géodésiques. Elles fournissent également un moyen simple pour déterminer toutes les courbes gauches dont les tangentes forment une surface développable à cône directeur de révolution, toutes les courbes gauches algébriques de cette espèce, etc. (¹).

(¹) M. G. de Longchamps (*Les courbes images et les courbes symétriques*) a traité divers problèmes de Géométrie à l'aide des coordonnées et des propositions de M. Petrovitch (*Nouvelles Annales de Mathématiques*, t. XVIII, 1899, p. 373). — Voir aussi Gino Loria, *Specielle algebraische und transcendante ebene Kurven*, p. 607.

Propriétés des équations de la Dynamique.

(Mémoire n° 9.)

56. Le problème général du mouvement d'un point mobile des coordonnées ξ, η, ζ, soumis à des forces dépendant *algébriquement* de la position du point, de la vitesse et pouvant varier explicitement avec le temps, se ramène, en posant

$$\xi = \frac{1}{x}, \qquad \eta = \frac{1}{y}, \qquad \zeta = \frac{1}{z},$$

à l'intégration de trois équations simultanées de la forme

$$(71)\quad \left\{\begin{aligned} &\sum_{i=1}^{i=s} f_i(t) x^{l_i} y^{m_i} z^{n_i} \left(\frac{dx}{dt}\right)^{\lambda_i} \left(\frac{dy}{dt}\right)^{\mu_i} \left(\frac{dz}{dt}\right)^{\nu_i} \left(\frac{d^2x}{dt^2}\right)^{k_i} = 0,\\ &\sum_{i=1}^{i=s'} \varphi_i(t) x^{l'_i} y^{m'_i} z^{n'_i} \left(\frac{dx}{dt}\right)^{\lambda'_i} \left(\frac{dy}{dt}\right)^{\mu'_i} \left(\frac{dz}{dt}\right)^{\nu'_i} \left(\frac{d^2y}{dt^2}\right)^{k'_i} = 0,\\ &\sum_{i=1}^{i=s''} \psi_i(t) x^{l''_i} y^{m''_i} z^{n''_i} \left(\frac{dx}{dt}\right)^{\lambda''_i} \left(\frac{dy}{dt}\right)^{\mu''_i} \left(\frac{dz}{dt}\right)^{\nu''_i} \left(\frac{d^2z}{dt^2}\right)^{k''_i} = 0, \end{aligned}\right.$$

les f_i, φ_i, ψ_i étant des fonctions données de t et les exposants

$$(72)\quad \left\{\begin{matrix} l_i, & m_i, & n_i, & \lambda_i, & \mu_i, & \nu_i, & k_i,\\ l'_i, & m'_i, & n'_i, & \lambda'_i, & \mu'_i, & \nu'_i, & k'_i,\\ l''_i, & m''_i, & n''_i, & \lambda''_i, & \mu''_i, & \nu''_i, & k''_i \end{matrix}\right.$$

étant des entiers positifs ou nuls.

A l'aide d'exposants (72), M. Petrovitch forme certains nombres *commensurables* M_i dont il montre les curieux rapports avec certaines particularités importantes des intégrales du système (71) et du mouvement du point mobile.

Soit $t = t_1$ le temps employé par le mobile pour aller de la position initiale à l'origine des coordonnées; cette valeur dépend généralement des conditions initiales et varie avec celles-ci, sauf les cas remarquables du *tautochronisme* du mouvement par rapport à l'origine. Or, lorsque certains des nombres M_i sont *négatifs, nuls ou bien se présentent sous la forme* $\frac{0}{0}$ [nous dirons, dans ce cas, que *les condi-*

tions (C) *sont remplies*], l'une ou l'autre des conditions suivantes est certainement remplie :

1° *Ou bien la valeur $t = t_1$ est une singularité transcendante des ξ, η, ζ variant avec les données initiales;*

2° *Ou bien le mouvement est tautochrone par rapport à l'origine des coordonnées*, en ce sens que le temps employé par le mobile pour aller d'un point quelconque à l'origine, ne varie pas avec les données initiales.

Il s'ensuit, par exemple, la conséquence suivante :

Toutes les fois que les équations de mouvement (71) remplissent les conditions (C) et qu'elles s'intègrent par des fonctions *uniformes* du temps sans points essentiels mobiles, ou par des fonctions *algébriques* du temps, ou par des *combinaisons algébriques de fonctions uniformes* sans points essentiels mobiles, *le mouvement est tautochrone par rapport à l'origine des coordonnées.*

D'autres propositions de M. Petrovitch concernent le cas où certains nombres commensurables M_i sont, en valeur absolue, *plus grands qu'un certain entier fixe ou bien se présentent sous la forme* $\frac{0}{0}$. Dans ce cas :

1° Ou bien $t = t_1$ est une *singularité transcendante* des ξ, η, ζ variant avec les données initiales;

2° Ou bien on peut fixer deux instants t' et t'' tels qu'on *ne pourra pas avoir* $t' \leqq t_1 \leqq t''$ *que si le mouvement est tautochrone par rapport à l'origine.*

M. Petrovitch établit également, et par les mêmes considérations, d'autres propositions relatives au nombre de passages du point mobile par l'origine pendant un intervalle déterminé de temps, ainsi qu'à l'espace de temps que met le mobile pour arriver de la position initiale à une position fixe considérée.

Action le long de diverses trajectoires.

(Note n° 105.)

57. Considérons le mouvement d'un système holonome à k degrés de liberté, à liaisons indépendantes du temps, sous l'action de forces

dérivant d'une fonction de forces U et soit, avec les paramètres q_1, q_2, ..., q_k formant un système de coordonnées orthogonales

$$\mathfrak{A} = \int_{(P_0)}^{(P_1)} \sqrt{L_1\, dq_1^2 + \ldots + L_k\, dq_k^2},$$

l'expression de l'*action* le long d'une trajectoire arbitraire passant par deux positions données P_0 et P_1 du système, les L_i étant fonctions des q_1, ..., q_k et de la constante des forces vives h, déterminées par les liaisons et la forme de la fonction de forces U.

M. Petrovitch énonce plusieurs propositions précisant des limites supérieures et inférieures de la valeur de l'action le long de diverses trajectoires passant par les positions données P_0 et P_1, et permettant de comparer entre elles les valeurs de l'action le long de ces trajectoires. Ceci suppose les deux positions P_0 et P_1 suffisamment rapprochées l'une de l'autre pour que le long de l'arc $s = P_0P$ de la trajectoire aucune des différentielles $\sqrt{L_i}\, dq_i$ *ne change de signe;* ceci revient à supposer que l'action le long de s présente une *allure invariable*, l'invariabilité consistant dans celle du sens de croissance des éléments $\sqrt{L_i}\, dq_i$.

En comparant, par exemple, entre elles les actions présentant *une même allure* le long de deux trajectoires arbitraires (mêmes signes des $\sqrt{L_i}\, dq_i$), il arrive au résultat suivant : *L'action le long de l'arc* $s = P_0P_1$ *de la trajectoire naturelle ne peut jamais être plus de* μ *fois plus petite que celle le long de l'arc* $s = P_0P$ *d'une trajectoire arbitraire de l'espèce considérée,* μ *étant un nombre qu'on saura toujours calculer.*

En appliquant le procédé au mouvement d'un point matériel *libre* sous l'action de forces dérivant d'une fonction de forces U, le système de coordonnées étant rectiligne et orthogonal, M. Petrovitch établit le résultat suivant :

Si l'on désigne par H la somme de valeurs absolues des accroissements finis des coordonnées quand on passe de la position P_0 à la position P_1 du point mobile, et par A et B la plus grande et la plus petite valeur de la fonction $U + h$ (h étant la constante des forces vives) le long de l'arc s, *l'action le long de* s *a pour valeur* λH, *où* λ *est un facteur dont la valeur est toujours comprise entre* $\sqrt{\frac{2B}{3}}$ *et* $\sqrt{2A}$.

Principe de minimum dans les phénomènes électrodynamiques et électromagnétiques.

(Note n° 76.)

58. On peut résoudre tout problème de la Dynamique en cherchant les valeurs des accélérations rendant à chaque instant minimum une certaine fonction R du second degré par rapport à celles-ci et dont M. P. Appell a indiqué la loi de formation.

Cette fonction est de la forme

$$R = S - \Sigma Q_k q''_k,$$

où S est l'énergie d'accélérations, ne dépendant que du système q_k, les facteurs Q_i dépendant des forces appliquées.

Dans le mouvement naturel, les accélérations q''_k sont à chaque instant celles qui rendent R minimum à cet instant; cette propriété conduit directement aux équations de M. P. Appell

$$\frac{\partial S}{\partial q''_1} = 0, \qquad \frac{\partial S}{\partial q''_2} = 0, \qquad \ldots .$$

Ces conditions s'étendent aux phénomènes physiques et M. Petrovitch indique les expressions jouant le rôle de S, Q, R, q dans les divers phénomènes électriques, et en particulier dans des phénomènes électrodynamiques et électromagnétiques. Il remarque que les équations générales de Maxwell, mises convenablement sous la forme des équations de M. Appell, permettent d'énoncer un principe général de minimum régissant les phénomènes électriques. A tout phénomène correspond un ensemble (S, Q_k, R, q_k) tel qu'au cours naturel du phénomène les q''_k sont à chaque instant celles rendant minimum la valeur de R à cet instant.

Décharge des condensateurs.

(Mémoires et Notes n°s 22, 30, 39.)

59. Dans la théorie classique de la décharge des condensateurs, on suppose que la capacité C, la résistance R et le coefficient L de self-induction restent invariables au cours du phénomène. Le caractère

de la décharge dépend essentiellement du signe de la quantité

$$\frac{1}{CL} - \frac{R^2}{4L^2}, \tag{73}$$

et la décharge sera *continue* ou *oscillante*, suivant que cette quantité est négative ou positive; la fréquence d'oscillations dépend de la valeur même de cette quantité.

M. Petrovitch traite le cas général où la capacité, la résistance et le coefficient de self-induction *varient avec le temps* d'une manière continue, d'ailleurs quelconque, pendant la décharge. Il établit une théorie complète du phénomène en utilisant certaines propositions générales sur les équations différentielles linéaires du second ordre, à coefficients variables, s'appliquant bien au problème. La méthode employée n'exige pas l'intégration de l'équation du problème, d'ailleurs impossible dans la plupart des cas. Il se rend compte des particularités du phénomène par la seule considération d'une fonction du temps qu'il appelle *fonction caractéristique* du phénomène, ayant pour l'expression

$$\varpi(t) = \frac{1}{CL} - \frac{1}{2}\frac{d}{dt}\left(\frac{R}{L} + \frac{d}{dt}\log L\right) - \frac{1}{4}\left(\frac{R}{L} + \frac{d}{dt}\log L\right)^2$$

se réduisant, dans le cas de C, R, L invariables, à la constante (73).

La fonction $\varpi(t)$ jouit de cette propriété fondamentale que *le caractère de la décharge dans un intervalle donné du temps de $t = t_1$ à $t = t_2$ dépend essentiellement du signe de $\varpi(t)$ dans cet intervalle*. A savoir :

1° Dans tout intervalle de temps dans lequel la fonction caractéristique est constamment *négative*, la charge du condensateur ne peut changer de sens plus d'une fois; avant et après ce changement, la décharge est *continue;*

2° Dans tout intervalle de temps dans lequel cette fonction est *positive*, la décharge est *oscillante*.

Dans ce dernier cas, en désignant par M et N la plus grande et la plus petite valeur que prend la fonction caractéristique dans l'intervalle (t_1, t_2) du temps, *la charge électrique du condensateur changera de signe, dans cet intervalle, au moins autant de fois qu'il y a d'unités entières dans le nombre*

$$\frac{(t_2 - t_1)\sqrt{N}}{\pi}$$

et au plus autant de fois qu'il y a d'unités entières dans le nombre

$$\frac{(t_2 - t_1)\sqrt{M}}{\pi} + 2.$$

Si, en outre, la fonction caractéristique est constamment *décroissante* lorsque t varie de t_1 à t_2, l'intervalle de temps entre deux changements consécutifs de signe de la décharge *devient de plus en plus grand, tout en restant inférieur à* $\frac{\pi}{\sqrt{N}}$. Si cette fonction est constamment *croissante* dans l'intervalle (t_1, t_2), l'intervalle de temps entre deux changements de signe *devient de plus en plus petit, tout en restant supérieur à* $\frac{\pi}{\sqrt{M}}$.

Lorsque, t variant de t_1 à ∞, la fonction caractéristique décroît, tout en restant positive, et tend asymptotiquement vers une limite ρ différente de zéro, *la décharge présentera une infinité d'oscillations; la durée d'une demi-oscillation deviendra de plus en plus grande, mais ne surpassera jamais la valeur* $\frac{\pi}{\sqrt{\rho}}$ *et tendra asymptotiquement vers cette limite.*

Par contre, lorsque, t variant de t_1 à ∞, la fonction caractéristique croît et tend asymptotiquement vers une limite finie ρ, *la durée d'une demi-oscillation deviendra sensiblement constante au cours du temps en tendant vers la limite* $\frac{\pi}{\sqrt{\rho}}$.

Les oscillations, comme dans le cas de la décharge ordinaire, seront *de plus en plus amorties* et le phénomène cessera d'être sensible au bout d'un certain temps plus ou moins long.

Ceci permet de représenter les variations de la charge par une courbe. Celle-ci oscille au-dessus et au-dessous de l'axe des t; selon la manière dont varie la fonction caractéristique, la distance des points consécutifs où la courbe coupe l'axe des t, sera de plus en plus petite tout en restant supérieure à une certaine valeur non nulle, ou bien de plus en plus grande, mais ne surpassant pas une certaine limite finie. La fréquence d'oscillations dépendra de la grandeur de la fonction caractéristique; les amplitudes d'oscillations diminuent constamment à partir d'un certain point t. La courbe des intensités du courant de décharge présente les variations de même espèce.

Les équations auxquelles M. Petrovitch ramène le phénomène permettent, grâce aux théorèmes connus de Sturm sur les équations linéaires du second ordre à coefficients dépendant d'un paramètre variable, de comparer entre elles diverses expériences dans lesquelles l'un des facteurs C, R, L est invariable pendant l'expérience, mais varie d'une expérience à une autre, les deux autres facteurs ayant les mêmes lois de variation dans les expériences à comparer. Elles permettent de se rendre un compte exact de l'influence que le changement d'un quelconque de ces trois facteurs exerce sur le *rythme* des oscillations, leur *fréquence*, et sur la courbe représentative du phénomène.

Les résultats obtenus s'étendent au cas de la *décharge entretenue* lorsque, dans le circuit où s'effectue la décharge, se trouve intercalée une force électromotrice constante ou variable au cours du temps et que le système est soumis à l'action d'un champ magnétique constant ou variable.

Dynamique chimique.

(*Mémoires et Notes* n°s 17, 31.)

60. Le problème de déterminer à chaque instant t la vitesse d'une réaction chimique homogène, et les quantités de produits de la réaction formées depuis le commencement de celle-ci jusqu'à l'instant t, se résout à l'aide de deux principes dont le premier fournit les grandeurs des forces transformatrices agissantes et l'autre l'expression des liaisons :

1° L'accroissement de la concentration du mélange, au sein du liquide dans lequel se passe la réaction, en un quelconque des produits de la réaction, est à chaque intervalle de temps dt proportion-

(¹) La Note de M. Petrovitch est reproduite dans le *Journal de Physique*, 1897, p. 477-479. — *Voir* aussi la Note de M. Dongier dans le *Journal de Physique* de juin 1898.

nelle au produit des concentrations du mélange par rapport aux corps actifs intervenant dans la réaction, et au temps dt lui-même ;

2° Il y a, au cours de la réaction, la proportionnalité entre les quantités des corps actifs dépensés jusqu'à l'instant t, et les quantités des produits de la réaction formés jusqu'à cet instant.

M. Petrovitch développe les conséquences logiques de ces deux principes en formant et en étudiant les équations différentielles auxquelles ils conduisent.

Dans le cas où les conditions physiques, dans lesquelles se passe la réaction, restent invariables au cours de celle-ci, et la réaction n'étant pas compliquée par des réactions secondaires qui se passent au sein du même mélange, le problème se ramène à une équation différentielle du premier ordre dans laquelle le temps n'intervient pas explicitement et qu'on intègre par une quadrature.

Lorsque les conditions physiques changent au cours de la réaction, les coefficients de l'équation deviennent fonctions du temps et l'intégration est moins simple. De toutes les influences physiques provoquant les variations des coefficients de l'équation, la plus sensible et la plus difficile d'éviter est celle qui provient des changements de la température. Étant donnée une réaction exothermique ou endothermique se passant entre les corps liquides A_i, donnant naissance aux produits B_i, sans réactions secondaires et sans changements d'état, M. Petrovitch :

1° Indique une loi approchée de variation de la température T du mélange avec les quantités x_i dépensées des corps actifs A_i ;

2° Calcule le temps nécessaire pour que le mélange acquière une température donnée ;

3° Calcule le temps nécessaire pour qu'une quantité donnée des corps actifs soit dépensée au cours de la réaction, ou bien qu'une quantité donnée de produits de la réaction soit formée.

La loi 1° est particulièrement simple : en utilisant une fonction de la température rattachée à la réaction et étudiée par Berthelot dans sa *Mécanique chimique*, M. Petrovitch arrive à la *loi hyperbolique*

$$(P - NT)(M + Nx_i) = \text{const.}, \tag{74}$$

où M et N sont des constantes déterminées par les quantités initiales et les chaleurs spécifiques des liquides A_i et des produits B_i, ainsi que par la quantité initiale et la chaleur spécifique de liquide neutre par lequel le mélange se trouve dilué : P est une constante qu'on détermine expérimentalement par la méthode de Berthelot. La valeur constante de l'expression (74) est positive ou négative, suivant que la réaction est exothermique ou endothermique.

Dans le cas où une ou plusieurs réactions secondaires se passent au sein d'un même mélange, dépensant un même corps actif, le problème se ramène à un système d'équations simultanées à coefficients constants ou variables avec le temps, suivant que les conditions physiques restent invariables ou changent au cours de la réaction. M. Petrovitch indique le moyen de former ce système d'équations pour divers cas intéressants qui peuvent se présenter.

Calcul des erreurs dans les analyses chimiques quantitatives.

(Mémoire n° 50.)

61. M. Petrovitch a étudié de près le problème de détermination de l'influence de l'inexactitude de données sur le résultat final d'une analyse chimique quantitative.

Dans la plupart des analyses, les quantités à déterminer se calculent à l'aide d'autres quantités qu'on détermine par les mesures directes gravimétriques ou volumétriques. Les poids des erreurs directes ainsi commises dépendent de la nature des opérations chimiques par lesquelles s'effectue l'analyse. M. Petrovitch a développé une théorie complète des méthodes d'analyse quantitative actuellement en usage, au point de vue de poids des erreurs directes commises et de l'influence de celles-ci sur le résultat de l'analyse. Il résout, pour toutes les méthodes d'analyse, le problème pratiquement important : en connaissant, dans une analyse, des limites supérieures des erreurs commises sur les quantités directement mesurées, déterminer des limites supérieures des erreurs qu'elles entraînent sur les quantités à déterminer par le calcul.

L'interprétation convenable des propriétés d'une classe de déterminants qui se rencontre dans cette théorie, conduit à un résultat assez curieux et qui a son intérêt pratique :

Supposons qu'au lieu de séparer et de peser individuellement les

n corps $A_1, A_2, \ldots, A_n$ (par exemple n métaux différents) dans un mélange à analyser, on effectue avec le mélange une suite d'opérations $O_1, O_2, \ldots, O_n$, les mêmes pour tous les corps A_i et en nombre égal à celui de ces corps; qu'on pèse collectivement, après chaque opération O_k, les produits de celle-ci. Les données ainsi obtenues fournissent un système d'équations linéaires, en nombre égal à celui des corps A_i, qui servent à calculer les quantités de ces corps contenues dans le mélange primitif (analyses indirectes).

Or, les praticiens se sont aperçus que la méthode devient, dans certains cas, illusoire, le système d'équations ainsi obtenues étant indéterminé. M. Petrovitch établit, à cet égard, le résultat général suivant :

Appelons *homogène* une opération O_k transformant les corps A_i collectivement en composés d'une même espèce (par exemple en sulfates, chlorures, carbonates) ou en éléments mêmes, et *hétérogène* si elle transforme les A_i en composés de différentes espèces (les uns, par exemple, en chlorures, les autres en carbonates, etc.).

Pour que l'analyse soit réalisable, il faut et il suffit que le nombre d'opérations O_k *homogènes ne surpasse pas* 2, *c'est-à-dire que le nombre d'opérations hétérogènes ne soit pas inférieur à* $n - 2$.

Propriété des composés chimiques isomères.

(Ouvrages n°s 56, 74, 123.)

62. Soit $D_1, D_2, D_3, \ldots$ une suite de composés chimiques isomères, contenant à la fois plusieurs éléments E_i, les mêmes pour tous ces composés, et plusieurs groupes G_i également les mêmes pour tous ces composés, ceux-ci ne différant les uns des autres que par le mode de répartition des E_i dans G_i. Soient α un coefficient définissant une propriété physique, chimique, etc., et α_i la valeur de ce coefficient rattachée au composé D_i.

Les données expérimentales dénotent l'existence de suites

(E) $\qquad E_1, \; E_3, \; E_3, \; \ldots$

et de suites

(G) $\qquad G_1, \; G_2, \; G_3, \; \ldots$

jouissant de la propriété suivante : On peut ranger les E_i d'une part, et les G_i d'autre part, par ordre de grandeurs correspondantes d'un même coefficient α rattaché aux composés considérés D_i, de sorte que, pour une telle suite (E), ainsi que pour une telle suite (G), le coefficient α *croisse* avec le rang du terme de la suite, et que, de plus, l'ordre de termes dans chacune des suites (E) et (G) *reste le même quelle que soit la nature chimique des composés* D_i.

Ainsi, par exemple, la suite (E) formée d'halogènes : fluor, chlore, brome, iode, et la suite (G) formée de groupes fonctionnels CH, CH^2, CH^3 jouissent d'une telle propriété par rapport à la température d'ébullition α des composés chimiques, et cela quel que soit l'halogène et l'espèce du composé.

M. Petrovitch, en faisant cette remarque, en tire des conclusions sur les grandeurs relatives d'un tel coefficient rattaché à une série donnée de composés chimiques isomères. Chaque fois, par exemple, qu'on n'effectue, en passant d'un composé D_i à un autre D_j de la série considérée, aucun passage de droite vers la gauche ni dans la suite (E) ni dans la suite (G), le coefficient α se trouvera *augmenté;* chaque fois qu'on n'effectue aucun passage de gauche vers la droite dans ses suites, α se trouve *diminué*. Cette augmentation ou cette diminution serait *moins forte* si l'on supprimait un ou plusieurs de ces passages.

M. Petrovitch fait une application de ce schéma intuitif à des séries de composés polyhalogènes isomères D_1, D_2, D_3, ... en faisant jouer le rôle des E_i à Fl, Cl, Br, I et celui des G_i à CH, CH^2, CH^3. De trois composés isomères, contenant chacun 1^at de chlore et 1^at de brome, celui qui contient les groupes CHCl et CH^2Br entrera en ébullition à une température *moins élevée* que celui qui contient les groupes CH^2 et CHClBr. De même, le composé contenant les groupes CHCl et CH^2Br bouillira à une température *plus élevée* que celui qui contient les groupes CHBr et CH^2Cl.

Les données expérimentales confirment, d'ailleurs, pleinement ces prévisions. Il y aurait intérêt à les étendre à d'autres coefficients α (chaleur spécifique, chaleur latente de vaporisation, coefficient de dilatation, indice de réfraction, résistance électrique, etc.) et à d'autres composés isomères. On conçoit les services que pourraient rendre de pareilles considérations à la détermination des formules de constitution des composés isomères.

Sciences appliquées.

63. *Mesure des distances.* — Plusieurs systèmes d'instruments pour mesurer les distances sont basés sur le principe du sextant, la distance réelle de l'objet visé au poste d'observation étant déterminée en fonction de la valeur de l'angle visuel, de l'angle paralactique correspondant et de la distance entre les deux points d'observation. Avec les instruments connus de ce genre, la distance cherchée ne peut être déterminée que par le calcul, par ce moyen que l'objet est visé de deux postes d'observations, en ayant recours au besoin à un deuxième objet auxiliaire choisi au hasard, les angles étant mesurés ensuite et la distance cherchée étant déterminée trigonométriquement d'après ces angles et la distance mutuelle des deux points d'observation.

L'instrument Petrovitch-Terzitch (1910) perfectionne ces instruments de telle manière qu'il exprime la distance cherchée directement par un multiple de la distance de deux postes d'observation. Le principe consiste à établir entre les angles et les longueurs, qui doivent être considérés, un rapport déterminé qui constitue alors la constante de l'instrument. Dans l'instrument Petrovitch-Terzitch, cette constante est un nombre arrondi du système décimal, de préférence 100 ou un multiple de 100, de sorte que la détermination des distances n'exige aucun calcul. (Brevet français n° 413730 de 1910.)

64. *Engrenages en vrille.* — Les applications nombreuses donnent de l'intérêt au problème de Mécanique suivant :

« Deux roues dentées A et A′ de diamètres différents, mais de même pas, étant placées sur un même axe et tournant avec une même vitesse angulaire dans un même sens, faire passer d'une manière continue un pignon B (ou couronne dentée) indifféremment de l'une des roues A et A′ à l'autre sans qu'elle cesse d'égrener soit avec celle-ci, soit avec les roues dentées intermédiaires à l'aide desquelles s'effectue ce passage, et sans changer le sens de rotation d'aucune des roues du système. »

M. Petrovitch en donne une solution par ses *engrenages en vrille*, constituant un engrenage intermédiaire particulier toujours en prise avec le pignon B au cours du passage de A à A′ ou inversement. Le train d'engrenages formé de plusieurs roues dentées A, A′, A″, ... et d'engrenages intermédiaires de M. Petrovitch, réalise une transmission à actionnement positif, le rapport de vitesses dans la transmission pouvant être changé (et ayant autant de valeurs différentes qu'il y a des roues A, A′, A″, ...) sans débrayer le moteur et sans changer le sens de rotation du bloc, quel que soit le sens de changement de vitesse. Ce changement n'est pas progressif dans l'acception habituelle du mot, les seules vitesses utilisables, que le mécanisme fournit, étant celles déterminées par les roues A, A′, A″, ... Mais au cours du passage d'une de deux vitesses consécutives à l'autre, toutes les vitesses intermédiaires sont réalisées, quoique dans un intervalle de temps très court. Le couple moteur, qui n'est pas débrayé pendant ce passage, ne passe pas par la valeur zéro dans cet intervalle de temps, ce qui écarte les inconvénients des dispositifs de changement de vitesse ordinaires provenant d'une pareille discontinuité. (Brevet français n° 463082 de 1913.)

65. *Aiguille aimantée dans un champ magnétique mobile.* — M. Petrovitch a établi une théorie élémentaire de l'action d'un champ magnétique mobile agissant sur l'aiguille aimantée. Il en tire une règle simple et pratique pour déterminer le sens et la grandeur des déviations de l'aiguille en fonction du moment magnétique de la masse de fer, de la distance de l'aiguille à cette masse et de la latitude géographique de la masse. Il y ajoute des observations curieuses sur la possibilité de la correstion automatique de la direction, à la surface de la mer, d'un navire muni d'un gouvernail automatique convenable, à l'approche d'une masse de fer qu'il s'agit d'atteindre ou d'éviter. (Mémoire n° 120.)

66. *Submersibilité du navire.* — Il est toujours possible d'assurer au navire une submersibilité relative et le rendre insubmersible par une disposition spéciale du chargement et par un « bourrage » approprié. Dans le cas où l'on ne dispose pas de ces moyens, on pourrait remplir les espaces vides par des caisses vides étanches jouant le rôle de bourrages; mais ceci présenterait l'inconvénient d'encombrer, de gêner, d'empiéter sur la place utilisable du navire. On pourrait employer comme bourrages les récipients extensibles

(poches à gaz) faits en toile imperméable à l'eau et au gaz, et de grande résistance, n'occupant à l'état dégonflé qu'un espace restreint et qui, gonflés à l'instant même du danger, assureraient la flottabilité du navire.

Or, si ce gonflement à l'instant du danger était *collectif*, un endommagement du réservoir central produisant le gaz à pression, ou bien une rupture dans le système de conduite ou dans le système de commande, pourrait avoir pour effet le refus de l'installation de fonctionner à l'instant critique. Pour parer à ce danger, il y aurait lieu de faire le gonflement *individuel* ou bien par *groupes d'appareils*, de sorte que l'effet préjudiciable de l'endommagement de l'installation soit *localisé*. Chaque récipient extensible serait pourvu d'une bouteille à air ou à gaz comprimé individuelle, avec un robinet et un appareil déclenchant également individuel, qui, actionné électriquement ou pneumatiquement à l'instant du danger, ouvrirait le robinet et laisserait passer le gaz de la bouteille dans le récipient à gonfler auquel il est rattaché.

Mais, même ceci fait, il n'en subsiste pas moins un danger : une rupture dans le systéme de commande (électrique ou pneumatique) pourrait immobiliser un ou plusieurs appareils dont le fonctionnement pourrait être utile ou même indispensable à l'instant du danger.

Il y aurait donc lieu, la répartition des appareils à bord du navire faite, de relier par une installation de commande à distance un certain nombre d'appareils, constituant ainsi un groupe (secteur) d'appareils à commander, de sorte que leur déclenchement puisse se produire collectivement et instantanément de la double manière suivante : 1° *automatiquement*, lorsqu'un endommagement de l'installation de commande, touchant le secteur, vient se produire; 2° *volontairement*, lorsque les appareils d'un secteur, dont le fonctionnement à l'instant du danger sera jugé utile, n'est pas déclenché automatiquement à cet instant.

Cette idée est réalisée dans le dispositif de M. Petrovitch. La construction des appareils est simple, facile et peu coûteuse; leur installation à bord de n'importe quel navire s'effectue d'une manière simple et rapide. (Brevet français n° 96371 de 1918.)

TABLE DES MATIÈRES.

CINQUIÈME PARTIE. — *Phénoménologie générale.*

SIXIÈME PARTIE. — *Recherches diverses.*

67031 Paris. — Impr. GAUTHIER-VILLARS et Cie, quai des Grands-Augustins, 55.